大型直接空冷汽轮机组

运行与维护技术

主　编　郝春林
副主编　冯　奎　田亚钊

中国电力出版社
CHINA ELECTRIC POWER PRESS

内 容 提 要

本书以国内投产的首台600MW级直接空冷汽轮机组的运行经验为基础编写，共分为九章。简要介绍了空冷汽轮机组的应用和发展，对直接空冷凝汽器设备原理、电气配置及热控逻辑等进行了详细阐述，对直接空冷汽轮机组的调试及主要试验、机组的启停及运行维护、异常及处理、经济运行进行了较为详细的论述、总结和探讨。

本书主要供从事直接空冷汽轮机组运行维护工作的专业技术人员及运行值班人员参考，也可作为电力职业培训学校相关专业的培训教材使用。

图书在版编目(CIP)数据

大型直接空冷汽轮机组运行与维护技术/郝春林主编. —北京：中国电力出版社，2014.7(2015.7重印)

ISBN 978-7-5123-5626-9

Ⅰ.①大… Ⅱ.①郝… Ⅲ.①空冷机组-汽轮机组-运行②空冷机组-汽轮机组-维修 Ⅳ.①TK26

中国版本图书馆CIP数据核字(2014)第041339号

中国电力出版社出版、发行

(北京市东城区北京站西街19号 100005 http://www.cepp.sgcc.com.cn)

航远印刷有限公司印刷

各地新华书店经售

*

2014年7月第一版 2015年7月北京第二次印刷

787毫米×1092毫米 16开本 11印张 190千字

印数3001—4500册 定价**38.00**元

《大型直接空冷汽轮机组运行与维护技术》
编　委　会

名誉主任　刘润来

主　　任　王志成

副 主 任　郝春林　陈　忠　李建荣

编　　委　陈宝菲　高广福　冯　奎　田亚钊　杨德军

主　　编　郝春林

副 主 编　冯　奎　田亚钊

编写人员　高广福　杨德军　张亚飞　李兴军　王立军

　　　　　田　营　刘　江　段双江　许云龙　武建军

　　　　　王　强

前言

随着社会生产力的发展和人民生活水平的提高，各行各业需要越来越多的电力供应，对发电设备的可靠性要求也越来越高，建设大容量火电厂是满足上述要求的重要途径。我国煤炭资源丰富，但水资源日益匮乏，因此发展火电厂空冷汽轮机组在缺水地区具有广阔的市场空间。目前北方缺水地区新建的大型火力发电厂大多采用空冷汽轮机组。

我国第一台200MW级间接空冷汽轮机组已投运了20多年，第一台600MW直接空冷汽轮机组也已在2005年投入运行。据不完全统计，截至2013年底，我国只有69台600MW及以上大型直接空冷机组在运。随着我国电力事业的发展，将来还会有越来越多的大型直接空冷汽轮机组投入运行。

为了帮助从事直接空冷汽轮机组运行与维护相关工作的人员学习和掌握大型直接空冷汽轮发电机组的运行特点，掌握运行维护的基本要领，在中国电力出版社的支持和帮助下，编者于2012年4月5日启动编撰工作。在编撰过程中，编写人员总结提炼了机组投运以来的运行经验，结合案例广泛深入地进行分析，以发电厂运行技术及工作经验为依据，以实用为主要目的，编写了本书。

本书共分为九章，第一章由田亚钊编写；第二章、第四章由李兴军、张亚飞编写；第三章由高广福、王立军编写；第五章由武建军编写；第六章由刘江、段双江编写；第七章由许云龙编写；第八章由杨德军编写；第九章由田营、王强编写；全书由郝春林通读并整理。

限于编者水平和认识程度，本书难免存在疏漏和欠缺之处，恳请广大读者和专家批评指正。

编　者

2014年4月

目　录

空冷机组的应用和发展

第一节　空冷系统的应用

电厂汽轮机乏汽空冷技术的应用早在20世纪30年代末就已经出现，经历了由小到大，由不成熟到成熟的过程。山西是我国空冷技术应用最早的省份，20世纪80年代末，我国从匈牙利引进了2×200MW混合式凝汽器间接空冷（海勒）系统，分别于1987年和1988年在大同第二发电厂5、6号机组投运。经过对引进技术的消化和吸收，我国又制造了4台同类型空冷机组，分别于1992～1994年在内蒙古丰镇电厂投入运行。1992～1994年，带表面式凝汽器及自然通风型冷却塔的哈蒙式间接空冷系统在太原第二热电厂相继投运。

200MW级和300MW级直接空冷机组分别在2003年和2004年相继投运。600MW级空冷机组也于2005年投产，为我国大型空冷机组今后的发展积累了大量宝贵经验。目前我国已成为世界上空冷机组制造和使用最多的国家之一，电厂采用空冷技术比传统的湿冷技术节水80%以上，节水效果十分明显，空冷机组已在我国北方广大的缺水地区广泛投入使用。

第二节　直接空冷机组在国内外的发展

空冷技术的发展经历了成长阶段、发展阶段、成熟阶段三个主要阶段。

一、成长阶段

该阶段以小容量直接空冷和间接空冷并存为特征。1939年，德国鲁尔煤矿1.5MW汽轮机首先采用直接空气冷却凝汽器系统，称为“GEA”系统，成为世界上第一个直接空冷电站。20世纪50年代，卢森堡再德堡格钢厂自备电厂13MW机组和意大利罗马电厂的36MW机组也分别投运了直接空冷系统。1962年，英国拉格莱（Rugeley）电厂120MW机组采用了间接空冷系统，配备了喷射式凝汽器及自然通风型冷却塔系统，即海勒系统。1968年，西班牙乌特里拉斯（Utrillas）160MW坑口电厂投运了尖屋顶式布置的机械通风型直接空冷系统。

二、发展阶段

该阶段形成了直接与间接空冷并存的局面。1971年，前苏联（现亚美尼亚）拉兹丹（Razdan）电厂210MW机组、匈牙利加加林（Gyongyos）电厂210MW机组以及南非鲁特福来（Grootvlei）电厂210MW机组，都应用了间接混合式空冷系统。1977年，美国沃伊达克（Wyodak）矿区电厂330MW机组采用了机械通风型直接空冷系统。

三、成熟阶段

该阶段空冷技术得到进一步发展，表现为直接空冷和表面式间接空冷并存。1985年，德国施梅豪森（Schmehausen）核电站300MW机组采用了表面式凝汽器自然通风冷却塔的间接空冷系统，以及南非马丁巴（Matimba）电厂的665MW机组（直接空冷系统）和肯达尔（Kendal）电厂的686MW机组（表面式凝汽器的间接空冷系统）的成功投运，标志着空冷技术进入成熟阶段。

进入21世纪，随着科技进步及对空冷机组技术研究深入，空冷机组设计和运行技术不断完善，高参数、大容量机组得到进一步发展和应用。

目前国内应用的三种基本空冷系统规范的名称分别为：带喷射（混合）式凝汽器及自然通风型冷却塔系统（简称为海勒式间冷，最早应用于山西大同第二发电厂200MW级5、6号机组），带表面式凝汽器及自然通风型冷却塔系统（简称哈蒙式间冷，最早配套于山西太原第二热电厂200MW级汽轮发电机组），以及机械通风式空气冷却系统（简称直接空冷系统，山西大同大唐云冈热电200MW机组是国内首次电站应用）。前两种系统统称为间接空冷系统。

三种空气冷却方式的成功应用，表明空冷系统在技术上是成熟的，运行上是可靠的，值得大力推进和发展。目前最大的机械通风式直接空冷机组为665MW，最大的表面式凝汽器的间接空冷机组为686MW，最大的混合式凝汽器的间接空冷机组为300MW。近年我国大规模发展直接空冷系统，装机总容量已高于间接空冷机组。

2012年3月12日，德国GEA集团与山东信发集团就4×1100MW超超临界直接空冷系统合作项目已在北京成功签约。

第三节 直接空冷机组的特点

直接空冷机组运行的显著特点是背压高，变幅大，变化频繁。为了适应这种特点，必须对汽轮机采用新的先进技术和方法进行优化设计，例如优选末级叶片，采用短而粗的新线型末级叶片，优化高、中、低压通流部分，处理好轴系稳定性、安全自动保护等问题。

一、直接空冷机组的特点

（1）采用落地式轴承座。直接空冷机组因背压高且变化幅度大，其低压缸的零部件受温度变化影响大，机组运行时，排汽温度、汽缸的刚度、凝汽器的真空度、排汽管道的胀缩都会发生变化，如果轴承座采用座缸式，轴承的标高和负荷都会随之变化，轴系工作条件将恶化，严重时会引起机组摩擦振动。落地式轴承座有足够的支持刚度且不受机组工况和汽缸承受载荷变化的影响，运行时轴承座标高能保持基本不变，有利于提高轴系稳定性和减少不平衡力的影响，同时安装检修时轴系中心易于校正。

（2）选用加强型末级叶片。由于直接空冷机组高背压运行时间较长，背压频繁变化且幅度较大，末级叶片须采用大刚度、小动应力、加强型叶片，采用自带围带整圈连接型式。它比相应冷凝机组叶片的宽度增大，强度性能增强，刚性增大，也称之为加强型叶片。

（3）排汽缸加装减温喷水装置。为防止在空负荷及初负荷情况下排汽缸过热，在末级出口处的扩压导流环上，应设有一组减温水喷头。

（4）自然条件下的风向和风速对机组的背压影响比较大，背压波动大影响机组安全运行。必须考虑厂房布置及大风流向的影响，为了尽量减少环境大风对空冷机组的影响，空冷凝汽器一般布置在季主导风向的上风向，避免受到夏季不利风向的影响。

（5）直接空冷系统与间接空冷机组相比，设备少，系统简单，基建投资较少，占地少，空气量调节灵活。缺点是运行时粗大的排汽管密封困难，维持排汽管内的真空困难，启动时形成真空需要的时间较长。

二、直接空冷汽轮机运行特点

(1) 机组全年运行背压范围大。运行背压范围从冬季的6kPa，到夏季的40kPa以上。

(2) 机组运行性能受环境影响大。冬季为了防冻在极严寒天气，需人为提高机组背压，影响机组效率；夏季环境温度高、背压高，影响机组出力。

(3) 机组运行背压高，经济性低。通常直接空冷机组背压是湿冷机组的2倍以上，夏季会更高。

(4) 直接空冷机组运行中随着环境温度的升高，机组背压升高，凝结水温度将升高，凝结水精处理要退出运行，影响给水质量。

(5) 直接空冷机组真空系统容积庞大，真空严密性不易保证且查漏困难。不但影响机组真空、凝结水溶氧、凝结水过冷度等性能指标，而且严重影响空冷凝汽器的防冻性能。

第四节 直接空冷机组对汽轮机及旁路系统的配套要求

直接空冷机组对旁路设置的可靠性要求非常高。旁路装置的主要功能应能满足机组在冷态、温态、热态、极热态启动和停机时的多种工况要求。

直接空冷机组旁路系统一般设置为高压和低压旁路相串联的，称为二级串联旁路系统。旁路容量一般选取高压旁路进口蒸汽量为锅炉最大连续出力的40%，低压旁路进口蒸汽量为高压旁路进口蒸汽量加上高压旁路减温水量。机组在冬季冷态启动时，高低压旁路阀的容量应能满足空冷凝汽器设计的最小防冻要求蒸汽量，并留有至少10%的阀门开度裕量。

一、机组启动时旁路的作用

(1) 加快锅炉蒸汽参数的提升，缩短机组启动时间，防止冬季空冷凝汽器冻坏。

(2) 回收工质，减少锅炉PCV阀和安全阀的动作次数，减少对空排放，改善对环境的噪声污染。

(3) 使锅炉再热器得到足够的冷却蒸汽，避免再热器管道干烧超温。

(4) 控制锅炉蒸汽参数，与汽轮机汽缸及转子允许金属温度相匹配，减少热应力，缩短机组启动时间，降低汽轮机寿命损耗。

（5）能实现机组的最佳启动。

（6）机组正常运行时具有监视跟踪功能。

二、机组停机时旁路的作用

（1）旁路配合停机可减少对空排放，回收工质，减少热应力，提高机组寿命。当汽轮机负荷低于锅炉最低稳燃负荷时，通过旁路装置维持锅炉在最低稳燃负荷以上运行，可以减少锅炉稳燃投油，提高机组经济性。

（2）冬季运行，当汽轮机排汽流量低于空冷凝汽器要求的最小流量时，通过旁路装置增加进入空冷凝汽器的蒸汽流量，以保证空冷凝汽器不发生冻堵，保证空冷凝汽器安全。

三、旁路装置的功能

（1）锅炉超压时旁路开启，能减少 PCV 阀和安全阀起跳，并按照机组主蒸汽压力进行自动调节，直至恢复正常。

（2）机组甩负荷或停机，旁路应快速开启，以配合锅炉降负荷，并使锅炉在不投油稳燃负荷下做短期运行而不停炉（一般锅炉最低不投油稳燃负荷为 30%锅炉最大蒸发量）。

（3）在启动和甩负荷时，应保护布置在烟温较高区域的再热器，以防烧损。

（4）旁路装置性能应满足机组在各种工况下（包括启动、正常运行、甩负荷）都能自动或手动（遥控操作）启停。

（5）高压和低压旁路阀应分别采用快速和常速装置，使旁路具有快开/关和常速开/关的功能，快速时间应小于或等于 3s，常速时间小于 20s。

（6）旁路装置应具备下列保护功能。

1）高压旁路对新蒸汽管系的超压保护功能。

2）低压旁路对再热蒸汽管系的超压保护功能。

3）低压旁路对凝汽器的安全保护功能。

（7）旁路控制系统的功能应满足工艺系统的控制要求。

（8）旁路应能适应机组定压运行和滑压运行两种方式。

四、旁路系统性能要求

旁路蒸汽控制阀门关闭应严密且无泄漏，阀芯及阀座应耐磨、耐冲刷并便于拆装和研磨，阀座泄漏等级应达到 ANSI B16 104 的 V 级要求。

旁路装置应满足机组在各种工况下（包括启动和正常运行），能自动或手动（遥控操作）投入运行。

旁路装置的自动控制系统能准确控制高、低压旁路蒸汽控制阀的开度，能保证主蒸汽、再热蒸汽的运行参数压力在机组控制范围之内。

高、低压旁路蒸汽控制阀在其调节范围内，应平稳、准确地按机组调节要求动作（在其调节范围之外，机组调节控制协调通过其他手段控制蒸汽参数）。

旁路装置的自动控制系统能可靠控制高、低压旁路减温水量，保证通过高、低压蒸汽控制阀后蒸汽温度在机组控制参数范围之内。喷水量和喷水时间应协调一致，尽量减轻阀门和管道的温度变化，延长阀门、管道的运行寿命。

旁路喷水控制阀在任何负荷条件下均应喷水均匀，雾化良好，不得有蒸汽控制阀后超温和带水现象发生。旁路喷水控制阀执行机构的开启速度应与旁路蒸汽控制阀的开启速度相协调，开启速度应高于蒸汽控制阀，保证喷水量准确、同步。

旁路蒸汽控制阀在减温水压力不够、喷水量不足、喷水阀故障打不开时应拒绝开启或迅速关闭，以防止阀后温度超限。同时高、低压旁路控制阀在旁路蒸汽控制阀开度的 4%～100%的流量条件下，均应具有良好的喷水雾化效果。

旁路装置正在动作中，控制源（气动或液压）突然中断，此时各阀应能停止在中断控制源前的位置；控制源恢复时，各阀门应能在原位置的基础上进行正常调节。同时要求执行机构调节区域广且灵敏度高。

五、对旁路系统的寿命要求

汽轮发电机组的寿命一般设计不低于 30 年，年运行小时数不低于 7600h，旁路系统设备的寿命应与汽轮发电机组同步。汽轮发电机组的大修周期为 5 年，小修周期为 1 年，旁路系统设备的大修周期应与机组同步。

旁路系统设备的易损件使用寿命应与机组检修周期一致，同时旁路装置在设计参数运行时对噪声有明确要求：高压旁路噪声不得超过 85dB（A）（距装置 1m 处的空间范围内）；低压旁路（与排汽管道连接后）噪声不得超过 90dB（A）（距装置 1m 处的空间范围内）。

对于低压旁路还有防止振动的要求，应保证低压旁路运行时产生的振动不会对排汽管道及其相连的管道和设备造成损坏。低压旁路装置同时应有足够的降压级数和消能装置，以降低汽流速度、防止产生振动和噪声。

第五节　大型直接空冷机组热电联产改造及发展

随着社会经济的飞速发展，工业化生产所带来的环境污染问题也日益严重，“节能环保”受到越来越多的关注。热电联产电站在发电的基础上增加供热职能，能够节约能源、改善环境、提高供热质量，是城市治理大气污染和提高综合利用的必要手段之一。热电联产机组是提高人民生活质量的公益性基础设施，符合国家产业政策可持续发展的要求。

一、大型纯凝式直接空冷机组供热改造

对纯凝式直接空冷机组而言，供热改造必须保证冬天空冷凝汽器防冻的最小蒸汽流量要求，保证改造后汽轮机组能在各种纯凝汽式和各种供热工况下安全稳定运行。

由于纯凝式空冷机组供热改造时受机组基础、通流、回热系统管道等因素限制，要在保持原结构、基础、系统不变的前提下，增加供热系统。机组改造后对汽轮机叶片的安全性不能产生影响，保证汽轮机转子轴向推力不能改变。改造后还要保证机组安全可靠运行，所有辅助设备能满足供热运行要求。根据现场场地情况，设计抽汽管道及阀门安装。大部分机组均采用低压导汽管取汽的方式，低压导汽管及抽汽管道应便于检修拆装，设置必要的法兰连接点和吊装点，选择的补偿器必须保证管路对汽轮机本体的作用力较小且能保证汽轮机安全运行。

对于纯凝式直接空冷机组，供热改造必须在保障机组安全运行的基础上论证以下基本安全问题：

（1）机组甩电负荷时的安全可靠性。为防止机组甩电负荷时供热抽汽管道中的蒸汽倒灌入汽轮机内引起超速事故，应采用合理速关装置，并将机组甩负荷信号联动关断阀与抽汽止回阀快关，以阻止机组超速。

（2）机组甩热负荷时的安全可靠性。机组甩热负荷时的可靠性指维持锅炉工况不变，将供热工况快速、可靠地转变为机组纯凝汽工况。

（3）空冷凝汽器的防冻要求。应考虑当地极端低温时机组在最大抽汽量下进入空冷凝汽器的最小排汽热量和进入空冷凝汽器的最低排汽热量，须经过充分计算后得出。

（4）中压转子末级叶片在抽汽工况下的安全性。为防止机组供热抽汽后中压缸

排汽压力降低导致末级叶片前后弯应力增大，应在低压导汽管后加装调节蝶阀，用于调整中压缸排汽压力。

（5）供热改造后对机组通流部分的安全性要求。主要论证纯凝机组供热改造后，供热的抽汽对汽轮发电机组轴向推力的影响，且不同的机组型式影响略有不同。

（6）供热改造后抽汽对低压缸效率影响程度。低压缸效率应在考虑加装蝶阀及更换部分导流板为后中压缸效率普遍有下降趋势的情况下，进行全面的经济性论证。

（7）汽轮机组供热改造后电负荷及供热抽汽的热负荷控制应采取热定电方式。

二、电厂余热余压能源的综合利用的必要性

1. 国家政策

电力工业是一次能源的消费大户，节约能源、保护环境是电力工业发展的永恒主题，电力工业要以优化能源利用、提高能源产出率、降低环境污染为重点。在国家《节能中长期专项规划》中，把建筑物节能和余热余压利用作为节能的重点领域和重点工程。余热余压及其他余能的利用是企业节能降耗、降低生产成本的有效途径，其具有取材便利、投资低廉、效果显著的特点。

2. 电厂余热余压能源综合利用的需要

电厂汽轮机乏汽余热属于低品位热源，乏汽余热排放，是我国乃至世界普遍存在的问题，是浪费也是无奈。热泵技术可回收利用电厂余热，能有效地降低电力企业生产能耗。其具有高效节能环保的特性，已经引起国家和地方政府的高度重视，并出台了一系列法律法规和具体政策以促进其发展。随着热泵技术的日趋成熟和快速发展，特别是大型热泵在电厂投入运行，使得电厂乏汽余热回收成为可能，且能效系数（COP）可保持较高水平，无疑为推广余热热能回收利用提供了可靠的技术保证。

直接空冷机组原理及其组成

第一节　直接空冷系统的原理

直接空冷系统是指汽轮机内做完功的蒸汽直接用空气冷凝的冷却系统。通过机械通风方式，使冷却空气与蒸汽间进行热交换，蒸汽凝结成水同时产生高度真空。直接空冷的凝汽设备称为空冷凝汽器。

600MW 机组直接空冷系统的工作流程为：从汽轮机低压缸排出的乏汽，经由 2 根直径为 6000mm 的排汽管道引出厂房外，垂直上升到 34m 高度后再进入 8 根直径为 2800mm 的蒸汽分配管，分配管将乏汽引入空冷凝汽器顶部的配汽联箱。每组配汽联箱与 7 个冷却单元相连接，每个冷却单元由 10 组冷却翅片管束和 1 台直径为 8.89m 的轴流式风机组成。10 组翅片管束以接近 60°角组成等腰三角形“A”型结构，“A”型结构两侧分别有 5 组管束，长度为 10m。当乏汽通过联箱流经凝汽器的翅片管束时，冷空气被轴流风机吸入，在翅片管的外部进行表面换热，将乏汽的热量带走，从而使排汽凝结为水。凝结水由凝结水管收集起来，排至凝结水箱，由凝结水泵升压，送往汽轮机的热力系统，完成热力循环。直接空冷系统如图 2-1 所示。

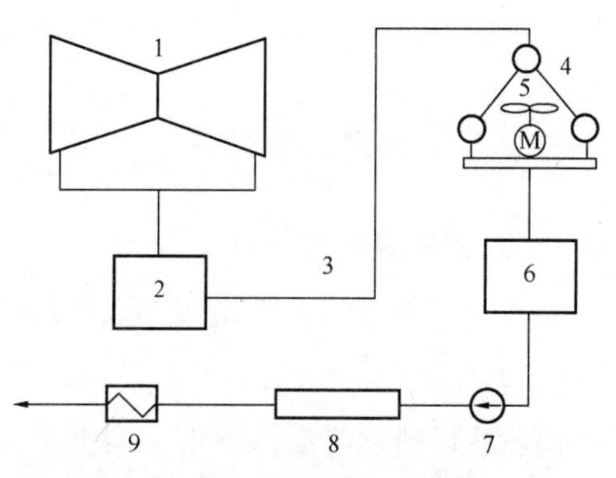

图 2-1　直接空冷系统

1—汽轮机；2—排汽装置；3—汽轮机排汽管道；4—空冷凝汽器；5—轴流风机；6—凝结水箱；7—凝结水泵；8—精处理装置；9—低压加热器

直接空冷系统由汽轮机排汽装置出口至凝结水泵入口范围内的设备和管道组成。主要包括：汽轮机排汽管道和膨胀节、蒸汽分配管及空冷凝汽器管束、凝结水系统、抽空气系统、疏水系统、空气供应系统、钢构架组成的空冷平台、自控系统及仪表、各种管制件、系统保护设备及清洗系统。其中排汽管道、空冷凝汽器管束、风机、抽真空设备非常重要，直接关系到直接空冷系统运行的经济性和安全性。自控系统、仪表以及保护设备直接影响空冷系统的自动化程度及安全经济运行性能。同类型机组的性能参数见表 2-1。

表 2-1　　600MW 直接空冷系统性能参数

项目	单位	公司 A (SPX)	公司 B (HAMON)	公司 C (GEA)	公司 D (GEA)	公司 E
设计环境温度	℃	32	33	32	30	30
背压（TRL）	kPa	29.5	30	30	29.2	30
排汽量	t/h	1308	1321	1279.89	1331.3	1271.76
散热面积	m^2	1 648 476	1 533 648	1 838 218	1 531 849	1 630 697
迎风面质量风速	kg/(m^2·s)	2.18	2.3	1.6	2.0	2.169
风机台数	台	64	64	56	56	56
风机耗功	kW	4626	4448	2963	4485.6	3920
风机直径	m	9.144	9.754	9.150	8.91	9.754
过冷度	℃	1	1.2	0.7		

第二节　直接空冷凝汽器

直接空冷凝汽器作为汽轮发电机组的一部分，作用是把汽轮机排出的乏汽凝结成水，把凝结水回收作为锅炉的补给水，与真空抽气装置一起维持汽轮机排汽缸和凝汽器内的真空。

在直接空冷凝汽器中，汽轮机排出的蒸汽在装有翅片管束的椭圆形或扁形管内流动，冷空气在翅片管外对蒸汽直接冷却。

一、空冷凝汽器的分类

(一) 按结构型式划分

直接空冷凝汽器有顺流式、逆流式、顺逆流联合式三种结构。

1. 顺流式

汽轮机的排汽沿配汽管由上而下进入空冷凝汽器被冷凝，冷凝后的凝结水流动方向与蒸汽流动方向相同，称为顺流式空冷凝汽器。顺流的空冷凝汽器具有凝结水液膜较薄、传热效果好、汽阻小等优点。但在低负荷或低气温条件下，凝结水箱内可能出现凝结水过冷却现象，将使凝结水含氧量增多，会引起翅片管的腐蚀，严重

时过冷却还可能导致空冷凝汽器冻结。

2. 逆流式

汽轮机排汽沿配汽管由下向上进入空冷凝汽器被冷凝，冷凝后凝结水的流动方向与蒸汽流动方向相反，称为逆流式空冷凝汽器。逆流式空冷凝汽器虽没有凝结水过冷却和冰冻现象，但由于散热管管内凝结水液膜较厚，汽阻大，所以传热效果差。

3. 顺逆流联合式

在直接空冷系统中，既要提高传热性能，又需防止凝结水冻结，因此空冷凝汽器绝大多数采用顺逆流联合方式的结构，即以顺流为主、逆流为辅，且两者间散热面积维持一定比例。

（二）按冷却空气的提供方式划分

直接空冷凝汽器的冷却用空气可通过自然通风和强制通风两种方式供给，即空冷凝汽器分为自然通风直接空冷凝汽器和强制通风直接空冷凝汽器。

1. 自然通风直接空冷凝汽器

空冷凝汽器管束布置在自然通风塔内，通过自然通风方式供给冷却用空气。目前，该布置方式已受到了一定的关注，但也存在一些实际问题。如对于600MW级直接空冷凝汽器而言，由于自然通风的空冷塔尺寸太大，很难在汽机房外地段上找到布置厂地。对于300MW级直接空冷凝汽器，由于目前其配备的散热面积、风机台数以及噪声水平都达到最佳状态，因而也限制了自然通风直接空冷凝汽器在大功率机组中的应用。

2. 强制通风直接空冷凝汽器

强制通风直接空冷凝汽器机组不设空冷塔，冷却用空气由装在管束下面的轴流风机通过强制通风方式供给。与自然通风直接空冷凝汽器相比，强制通风直接空冷凝汽器虽然存在大直径轴流风机制造工艺要求高、风机耗能大、噪声控制要求严等技术问题，但因其具有占地面积小，基建投资小，冷却风量易于控制等优点，得到广泛的应用。本书将重点介绍该类直接空冷凝汽器。

（三）按组成管束翅片管的排数划分

直接空冷凝汽器可分为单排翅片管直接空冷凝汽器和多排翅片管直接空冷凝汽器。

（四）按冷却元件的材质与形状划分

可分为热浸锌椭圆钢管套矩形翅片管、大口径热浸锌椭圆钢管绕椭圆翅片管、大直径扁钢管钎焊铝蛇形翅片管、扁钢管上热浸锌钢翅片管等直接空冷凝汽器。

二、大型直接空冷机组空冷凝汽器的布置方式

空冷凝汽器分主凝汽器和辅凝汽器两部分。主凝汽器多设计成顺流式，是空冷凝汽器的主体；辅凝汽器则设计成逆流式，可形成空冷凝汽器的抽空气区。

在直接空冷系统中，空冷凝汽器的布置与厂址处的风向、风速及发电厂主厂房朝向都有密切关系。大型火电机组的空冷凝汽器通常布置在紧靠汽机厂房的A列柱外侧且平行于A列。在与主厂房平行的纵向平台上布置若干个单元组，每个单元组由多个主凝汽器与一个辅凝汽器组成"A"字形排列结构，并在其下部设置多台大直径的轴流冷却风机，其总长度与主厂房长度基本一致。

空冷凝汽器管束按管内凝结水与乏汽流向关系分为顺流管束和逆流管束。通常机组由若干列、几百片管束和数十台风机组成，每台风机向若干片管束供风（即组成一个空冷凝汽器单元）。这若干片管束组成一组空冷凝汽器。空冷单列流程图见图2-2。

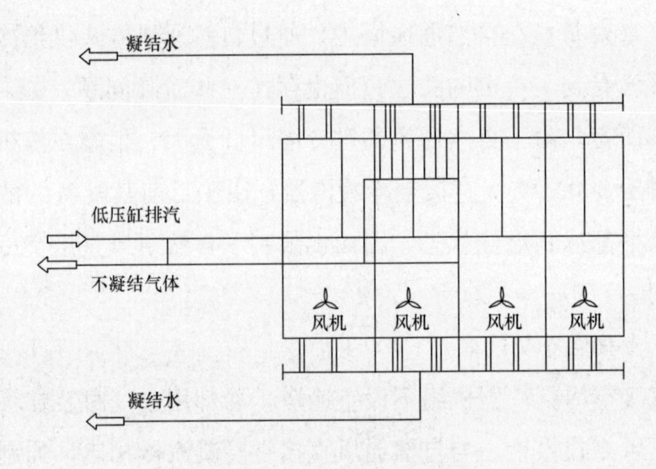

图2-2　空冷单列流程图

空冷凝汽器的支架有两种结构形式，一种是钢结构，另一种是钢筋混凝土结构。从目前的资料看，钢结构支架应用较多，如美国Wyodak电厂330MW机组，空冷凝汽器采用钢结构支架，高度为22m。国外众多燃气-蒸汽联合循环电厂的空冷凝汽器支架也采用钢结构，如英国Rye House 700MW燃气-蒸汽联合循环电厂的空冷凝汽器。采用钢筋混凝土结构的有南非Matimba电厂6×665MW机组的空冷凝汽器。

三、散热管束

冷却元件即翅片管，是空冷系统的核心，其性能直接影响空冷系统的冷却效果。对翅片管性能的基本要求如下：

(1) 良好的传热性能。

(2) 良好的耐温性能。

(3) 良好的耐热冲击力。

(4) 良好的耐大气腐蚀能力。

(5) 易于清洗尘垢。

(6) 足够的耐压能力，较低的管内压降。

(7) 较小的空气侧阻力。

(8) 良好的抗机械振动能力。

(9) 较低的制造成本。

(一) 翅片管分类

根据散热器光管及翅片所用金属材料的不同，可以将应用于空冷电厂的散热器分为铝管铝翅片散热器（也称为福哥型散热器）、钢管钢翅片散热器和钢管铝翅片散热器三类。

1. 当前空冷机组主要应用的翅片管

(1) 铝管套铝翅片管（海勒式间接空冷系统）。

(2) 圆钢管套铝翅片管（直接空冷系统）。

(3) 热浸锌椭圆钢管（36mm×14mm）套矩形钢翅片管（间接空冷系统）。

(4) 热浸锌大直径椭圆钢管（100mm×20mm）套矩形钢翅片管（直接空冷系统）。

(5) 大口径热浸锌椭圆钢管绕椭圆翅片管（直接空冷系统）。

(6) 大直径扁钢管钎焊铝蛇形翅片管（直接空冷系统）。

(7) 扁钢管上热浸锌钢翅片管（直接空冷系统）。

2. 应用于直接空冷系统的翅片管

直接空冷采用的圆钢管套铝翅片管在一些国家得到应用。从减少管内阻力和防冻考虑，管径要选得大一些。

大口径热浸锌椭圆钢管绕椭圆翅片管已用于直接空冷凝汽器管束，但关于使用效果的报道很少。由德国的巴克-杜尔（BDT）公司制造的椭圆钢管绕椭圆翅片管，基管尺寸为 72mm×20mm，翅片尺寸为 94mm×46.7mm，第一排管翅片间距为

5mm，第二、第三排翅片间距为 3mm（或 4mm）。该类翅片管有望应用于国内某些大型空冷系统电厂。

GEA 公司研制的热浸锌大直径椭圆钢管（100mm×20mm）套矩形钢翅片双排管已有多年的使用经验，热工和防冻性能良好。相关资料显示，通过计算，热浸锌矩形翅片大口径椭圆管双排管的传热量相当于圆管圆翅片四排管。其具体尺寸如下：椭圆管规格为 100mm×20mm，壁厚为 1.5mm；矩形翅片规格（宽×长）为 49mm × 119mm，翅片厚 0.5mm；迎风面第 1 排管翅片间距为 4mm；迎风面第 2 排管翅片间距为 2.5mm。如图 2-3 所示。

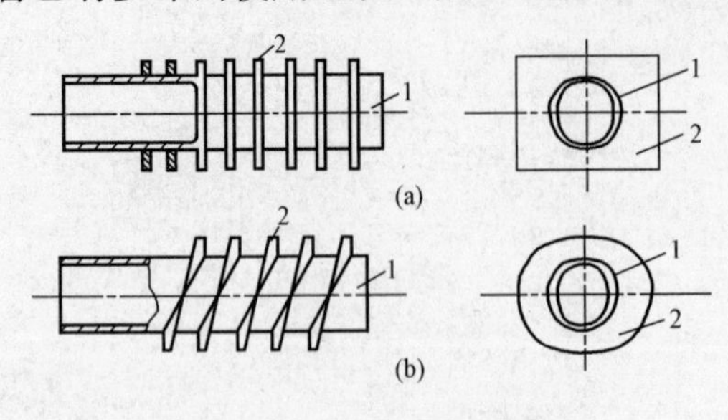

图 2-3　椭圆钢翅片管
(a) 套片管；(b) 绕片管
1—椭圆钢片；2—钢翅片

大直径扁钢管钎焊铝蛇形翅片管与扁钢管上热浸锌钢翅片管是目前应用于单排管的两种类型管束，具有潜在的应用前景。

（二）单排管束与多排管束

截至目前，空冷元件的发展经历了三个阶段：图 2-4（a）所示为 20 世纪 50 年代使用的圆管圆翅片四排管；图 2-4（b）所示为 70 年代使用的矩形翅片椭圆管两排管；图 2-4（c）所示为 20 世纪 90 年代使用的单排管。

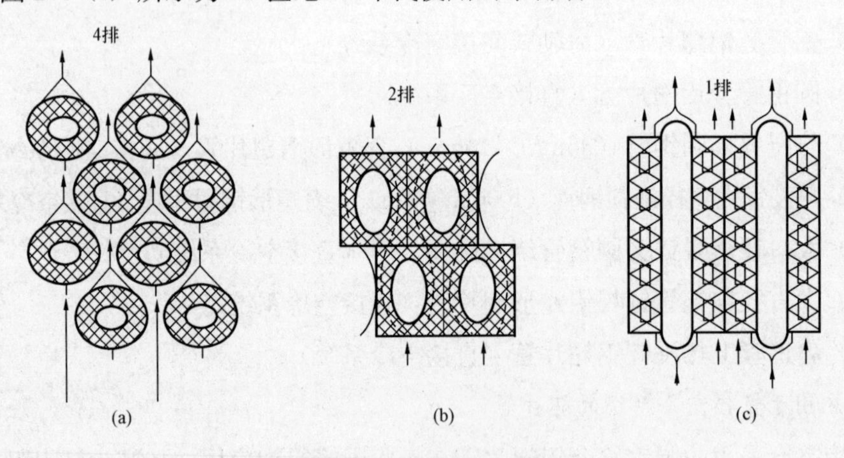

图 2-4　单排和多排管束
(a) 圆管圆翅片四排管；(b) 矩形翅片椭圆管两排管；(c) 单排管

目前钢制多排管的主要由德国巴克-杜尔（BDT）公司生产，国内生产基地位于张家口市；双排管主要由德国基伊埃（GEA）公司生产，国内生产基地在太原

市捷益公司、哈尔滨空调股份有限公司；原比利时哈蒙（HAMON）公司生产单排管，国内没有生产线，2003 年被 BDT 公司总部购并后，与 BDT 合并为同一家公司，于 2004 年在天津建了两条生产线，HAMON-LUMMUS 公司也将单排管称为 SRC 管。到目前为止，三种管型均在国内有了合资生产，或独立生产线。

1. 单排管束的优点

（1）单排管束两侧换热面积被充分利用，使得空冷凝汽器总换热面积减小，因而造价降低，同时也缩短了制造周期。

（2）空气流动阻力减小，空冷风机电耗降低，因而降低了运行费用，噪声也同时降低。

（3）解决了管束内不凝结气体积聚的问题，凝结水流动更加顺畅，减少了凝结水的过冷度和发生冬季冰冻的危险。

（4）质量减轻，支架结构简化，安装工作量相应减少。

（5）换热面更加紧凑，设备占地面积减少。

（6）相对于双排管束比较容易清洗。

2. 单排管束的应用

单排管束适用于比较寒冷的地区，目前在意大利、西班牙，以及我国的山西大同和内蒙古应用较多。

单排管的芯管一般采用扁管，具有较大的纵宽比，有利于汽液分离、防冻，以及提高蒸汽的入口速度，在自然通风塔的直接空冷系统中具有更好的应用前景。

单排管的多种制造方法，各国专利均有报道。归纳起来基本上有两类：一类是在扁钢管上钎焊铝翅片如图 2-5 所示；另一类是在扁钢管上热浸锌钢翅片。某单排管尺寸见表 2-2。与多排管相比，目前单排管的使用时间和使用范围还相当有限。

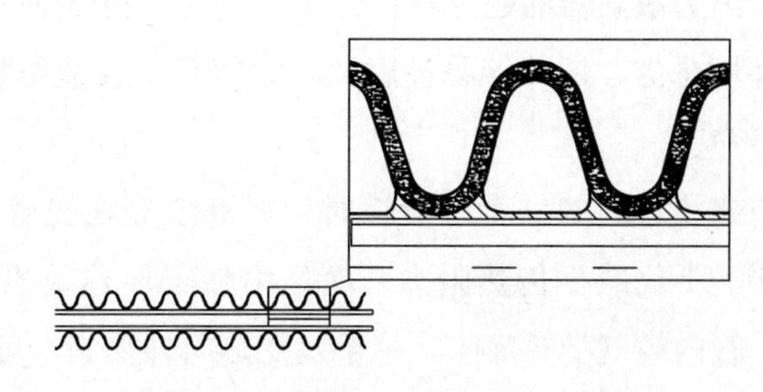

图 2-5　扁钢管上钎焊铝翅片单排管

表 2-2　　　　　　　　　　　　单排管尺寸

单排管型式		扁平管蛇形铝翅片
管	直径（mm）	219×19.4
	壁厚（mm）	1.6
翅片	几何形状	蛇形翅片
	高（mm）	19
	尺寸（mm）	
	厚（mm）	0.3
	间距（mm）	2.8
材料	管	钢
	翅片	铝
管排数		1

（三）绕片管与套片管

绕片管与套片管的主要区别如下：

（1）光管与翅片的结合情况不同。在翅片管外表面未镀锌之前，绕片管的光管与翅片之间是过盈结合，套片管的光管与翅片之间是有间隙的结合。

（2）翅片的形状不同。绕片管的翅片是等宽钢带沿光管外壁呈螺旋形绕制而成的，其外形只能随光管的外形而定，光管是椭圆的，翅片也是椭圆状的。套片管的翅片范围可在有限的布置范围增加有效散热面积，如将翅片做成矩形，等距套装在光管上。所以在同样的散热器外形尺寸下，套片管的散热器面积比绕片管大。

（3）由于形状、结构、加工、尺寸等的不同，两者的传热系数和空气阻力特性有差别。具体特性参数由散热器制造厂试验后提供给用户。

（四）钢翅片管热浸镀锌

钢翅片管热浸镀锌是钢翅片管散热器生产过程中相当重要的环节。镀锌的目的如下：

（1）防止腐蚀。因为散热器的翅片管在使用过程中，外表面常年与空气接触，而且有些场合工作环境恶劣，翅片管易被腐蚀。镀锌后不仅能够提高抗腐蚀能力，而且还可延长使用寿命。

（2）加强光管与翅片之间的结合。镀锌时，锌液填充在光管与翅片间的空隙中，使两者紧密连接，不仅减少传热阻力，而且增强了传热效果。镀锌工艺过程中，管子端头封闭，管内空气受热膨胀，管壁也受热向外膨胀，可使套片管的翅片与管子产生胀接效果。

（五）椭圆钢管钢翅片散热器

椭圆钢管与圆钢管钢翅片散热器比有以下特点：

（1）由于钢管钢翅片散热器采用椭圆管，与采用同样截面积圆管的散热器相比，水力半径减小，因而提高了水侧的放热系数。另外空气流过椭圆管时，管后的涡流区比圆管小，气动性能好，所以空气侧的放热系数也比圆管高。

（2）根据力学，散热器管内的水力损失与水流速度、管子截面形状等有关。在管内流速相同的条件下，椭圆管的沿程水力损失比圆管的沿程水力损失大。为了弥补椭圆管内水力损失的增加，可增加流通面积或者增大循环水泵的功率。考虑到加大水泵功率既增加投资又增加电能消耗，将长期加大运行费用，因而直接空冷系统均采用大直径的椭圆钢管，以增加其管子的流通面积。

第三节　直接空冷凝汽器系统的主要设备

直接空冷凝汽器系统的设备包括从汽轮机排汽口至凝结水泵入口范围内的所有设备和管道，主要有：汽轮机排汽管道、凝结水箱及其连接管道、凝结水再循环管、空气管道、疏水管道、风机、减速机、减振器、电动机、风机平台及其以上“A”型构架、风机平台以下支架、自控系统和仪表、各种管制件（如阀门）等。直接空冷凝汽器系统的主要设备见图 2-6。按国外惯例，抽气器、凝结水泵、凝结水精处理设备也包括在空冷系统范围之内。

图 2-6　直接空冷凝汽器系统的主要设备图

一、风机及其驱动装置

（一）风机

大型空冷机组一般采用大直径轴流风机。风机的调节方式有单速、双速、变频调速三种。为减少投资，顺流管束可由单速电动机驱动，逆流管束由双速电动机驱动。近年来，直接空冷机组多采用变频调节风机。

冷却风机的作用是为空冷凝汽器提供冷却汽轮机排汽所需的冷却介质——空气，每组空冷凝汽器配置一台轴流式风机。

空冷风机的技术参数与特点如下：

（1）大直径要求。300MW以上机组一般使用直径为9m以上的风机。

（2）高静压效率要求。$\eta_s \geqslant 58\% \sim 66\%$（风机群运行的能耗水平）。

（3）低噪声要求。按GB 12348—2008《工业企业厂界环境噪声排放标准》，要求空冷风机群在厂界处声压级小于或等于55dB（A），目前对单台风机的噪声功率级要求小于或等于88～93dB（A）。

（4）较高的静压全压比。要求比值达0.74～0.81。

（5）对风机的安全可靠性、叶片互换性、振动与平衡特性要求更高。

为使整体空冷装置的噪声符合GB 12348—2008的要求，达到节能降噪的目的，空冷风机宜采用大直径、慢转速、低噪声的风机，并配备低电压变频器进行变频调速。为进一步降低噪声，有些机组还选用了流线型风机叶片的低噪声风机。

风机的台数及其性能参数根据机组容量、厂址环境条件等因素进行选择。

（二）空冷风机变频器

直接空冷机组采用变频技术来控制轴流风机转速，由于对电动机的转速控制所需动力与扭矩的二次方成比例减少，可大幅度实现节能。与传统的控制方法相比，变频调速显示出很大的优越性。

把电压和频率固定不变的交流电转换为电压和频率可变的交流电的装置称为变频器。变频器分为交-交和交-直-交两种形式。交-交变频器可将工频交流电直接转换成电压和频率均可控制的交流电，又称直接式变频器；交-直-交变频器则是先将工频交流电通过整流器变为直流电，再把直流电转换成电压和频率均可控制的交流电，又称间接式变频器。目前，空冷机组多采用间接式变频器。

1. 安装注意事项

变频器由主回路和控制回路两部分组成。主回路是非线性（进行开关动作）

的，变频器本身就是谐波干扰源，会对电源侧和输出侧的设备产生影响。与主回路相比，控制回路为小能量、弱信号回路，极易遭受其他装置产生的干扰，造成变频器无法工作。因此，变频器在安装使用时，必须对回路采取下列抗干扰措施：

（1）将控制电缆与主回路电缆或其他动力电缆分离铺设，分离距离通常在30cm以上（最低为10cm），分离困难时，可将控制电缆穿过铁管铺设。

（2）控制信号必须单点接地，接地线不作为信号的通路使用，一般在分散控制系统（DCS）侧接地。

（3）装有变频器的控制柜，应尽量远离大容量变频器和电动机。控制电缆也应避开漏磁通大的设备。

（4）防止接触不良，对电缆连接点应定期做拧紧加固处理。

2. 变频器的维护

变频器的使用环境对其正常功能的发挥及使用寿命有直接影响，为了延长使用寿命和提高节能效果，必须对变频器进行定期的维护和部分零部件的更换。

对变频器的维护主要包括以下方面：

（1）定期进行清灰除尘。由于变频器内部器件紧凑，内部积灰很难用风机或吸尘器清除干净，这就需要对变频器解体，进行吹灰除尘。对控制板上的积灰要用毛刷重点处理，以便部分元器件的散热。另外，由于变频器整流部分的集成二极管之间绝缘距离较小，积灰过多容易破坏整流块，所以应增加吹灰除尘的次数。

（2）定期更换零部件。由于变频器中不同种类的零部件使用寿命不同，并随其安装的环境和使用的条件而改变，使用中应随时注意巡检、分析和及时更换。

（3）有良好的散热条件：变频器的故障率随温度的升高而成指数比例地升高，使用寿命随温度升高而成指数比例地下降。环境温度升高10℃，变频器使用寿命减半。在变频器工作时流过变频器的电流是很大的，变频器自身产生的热量也很大，所以不能忽视发热产生的影响。通常采用下列方法解决散热的问题。

1）根据机柜产生的热量，适当增加机柜的尺寸。

2）在变频器的最初选型时，可以考虑将变频器散热部分设为水冷。

3）在变频器出风口加装冷却风扇。

（三）减速机

1. 减速机的基本原理

减速机是一种动力传达机构，利用齿轮的速度转换器，将动力设备的回转数减速到需要的回转数，并得到较大转矩。减速机一般用于低转速大扭矩的传动设备。

电动机、内燃机或其他高速运转设备的动力，通过减速机输入轴上齿数较少的齿轮传递到输出轴上齿数较多的齿轮来达到降低转速，增大扭矩的效果。齿轮的齿数之比就是传动比。

2. 减速机的作用

（1）降速的同时提高输出扭矩，扭矩输出比例为电动机输出乘以减速比，但要注意不能超出减速机额定扭矩。

（2）减速的同时降低了负载的惯量，惯量的减少为减速比的平方。

3. 减速机维护注意事项

（1）风机减速机内润滑油加注到位，油温度达到10℃以上方可启动运行。

（2）风机减速箱机油位计在1/2～2/3之间。

（3）空冷风机减速箱内电加热器温度低Ⅰ值（10℃），自动启加热器。

（4）空冷风机减速箱内电加热器温度高Ⅰ值（13℃），自动停加热器。

二、抽真空设备

凝汽式汽轮机组需要在汽轮机的汽缸内和凝汽器中建立一定的真空。正常运行时为了维持凝汽器真空，同样必须把由真空系统不严密处漏入的空气以及蒸汽里带来的不凝结气体从凝汽器中不断抽走。抽真空系统的作用就是建立和维持汽轮机组的低背压和凝汽器的真空。在机组启动时将汽、水管路系统和设备中积聚的空气抽掉，以便加快启动速度。在正常运行时及时抽掉漏入真空系统的空气和其他不凝结气体，以维持空冷凝汽器真空和减少对设备的腐蚀。汽轮机低压部分的轴封和低压加热器也是依靠真空抽气系统的正常工作才能建立相应的真空。

是否能保持最佳的真空值，是衡量抽真空设备运行是否正常的一个标准，对汽轮机的安全性和经济性会产生直接影响。凝汽设备在运行中，如果真空系统不严密就会漏入空气，使真空降低，同时使空气的分压力增加。由于空气的溶解度与其分压力成正比，会造成更多的空气溶入水中，使凝结水含氧量增加。

抽真空系统由抽气管道、截止阀和凝汽器抽真空设备组成。国外抽真空设备多采用射汽抽气器，在汽轮机启动时用辅助抽气器，在规定时段内（如30min）达到适应汽轮机启动的要求；在汽轮机正常运行时，采用出力较小的主抽气器，以维持排汽系统的真空。国内直接空冷机组多采用水环式真空泵，该泵出力大、经济性好。抽真空系统中设有真空破坏阀门，当需要破坏系统真空时，可开启真空破坏阀。

(一) 水环式机械真空泵组系统

水环式机械真空泵系统是一种性能优越的新型凝汽器抽真空系统，由水环式真空泵、低速电动机、汽水分离器、工作水冷却器、气动蝶阀、高低水位调节器、泵组内部有关连接管道、阀门及电气控制设备等组成。

水环式机械真空泵系统工作流程见图 2-7，由凝汽器抽吸来的气体进入气体吸入口，经过常开式气动蝶阀，沿泵吸气管道，进入水环式真空泵。水环式真空泵由低速电动机通过联轴器驱动，由真空泵排出的混合气体经泵出口管道，进入汽水分离器，分离后的气体经气体排出口排向大气。分离出来的水与来自水位调节器的补充水一起进入冷却器。冷却后的工作水，一路经孔板喷入真空泵吸气管，使即将进入真空泵的气体中可冷凝部分冷凝下来，以提高真空泵的抽吸能力；另一路水直接进入泵体，作为工作水的补充水，使水环保持稳定而不超温。冷却器中的冷却水一般可直接取自辅机冷却水。

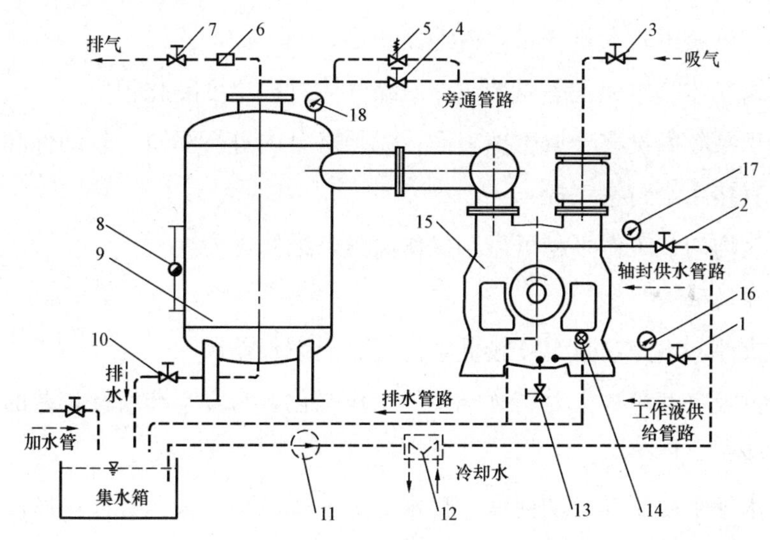

图 2-7　水环式真空泵组工作流程图

1—工作液供给闸阀；2 —轴封供水闸阀；3—进气闸阀；4—回流闸阀；5—安全阀；6—止回阀；7—排气闸阀；8—液位计；9—圆形气液分离器；10—排液闸阀；11 —水泵；12—热交换器；13—清洗排液闸阀；14—自动排水阀；15— 液环真空泵；16—真空压力表；17、18—压力表

气动蝶阀起隔离作用，避免开启备用泵之后空气由备用泵导入冷凝器。在蝶阀的前后装有压差开关，当气动蝶阀的前后压差小于 3kPa（有的电厂为 3.4kPa，此值可以调整）时，气动蝶阀开启，凝汽器气侧的气体被接通，经气动蝶阀抽入真空泵。这样就避免了因启动真空泵而使大量空气倒流进入正在工作的凝汽器真空系

统，确保了凝汽设备及系统的正常工作。当系统真空降低到比设定值还大 10kPa 时，可通过压力开关使备用泵自动投入运行；当抽吸压力达到设定值时，则通过压力开关的作用使备用泵停运，这样就保证了抽气压力在规定范围内运行。

（二）水环式机械真空泵

水环式机械真空泵（简称水环泵）是水环式机械真空泵抽真空系统的关键设备。目前国内直接空冷机组，抽真空系统通常配置 3 台水环泵，用于抽吸凝汽器内的空气及不可冷凝气体。电动机与水环泵采用直联方式，正常运行时，1 台运行，2 台备用。机组启动时，3 台泵同时投入运行，可以快速建立凝汽器真空，加快机组启动过程。

1. 水环泵的优点

（1）结构简单，制造精度要求不高，容易加工。

（2）结构紧凑，泵的转速较高，一般可与电动机直接连接，无须减速装置，故结构尺寸小，可获得较大排气量，占地面积小。

（3）压缩气体基本上是等温的，即压缩气体过程温度变化很小。

（4）由于泵腔内没有金属摩擦表面，无须对泵内进行润滑。转动件和固定件之间密封，可直接由水封来完成。

（5）吸气均匀，工作平稳可靠，操作简单，维修方便。

2. 水环泵的缺点

（1）要求冷却水充足且温度较低，但过载能力很差。

（2）当抽吸空气量太大时，真空泵的工作恶化，对真空严密性较差的大机组来说是一个威胁。

总之，水环泵由于具有功耗低、耗水量少、噪声小、安全、操作简便、运行经济、工作可靠、自动化程度高、结构紧凑、检修工作量小等优点，得到广泛应用。

3. 工作原理

水环泵主要由泵体、转子、分配板、阀板部件、轴封部件、侧盖、轴承、供水管路、轴封供水管路和自动排水阀十个部分组成。其中转子由叶轮及轴组成，大规格的真空泵转子还配有护轴套；分配板分为前、后分配板，分别装于泵体的两端；阀板部件由阻水板和柔性阀板组成，安装在分配板的排气口，具有自动调节排气角度的作用，柔性阀板为易损件；轴承为角接触轴承，起轴向定位作用，圆柱滚子轴承承担径向载荷。一般叶片分为径向式、前弯式和后弯式。实验证明，后弯式叶片的工作性能较差，而前弯式和径向式的较好。水环泵的壳体由若干零件组成，不同形式的水环泵，其壳体结构也不同。但在壳体内都有一个圆柱体的空间，叶轮偏心地装在这个空间内，同时在壳体侧面的适当位置开有吸气口和排气口，实现轴向吸气和排气。壳体不仅为叶轮提供工作空间，而且更重要的是壳体还直接影响泵内的能量交换。水环泵结构示意见图 2-8。

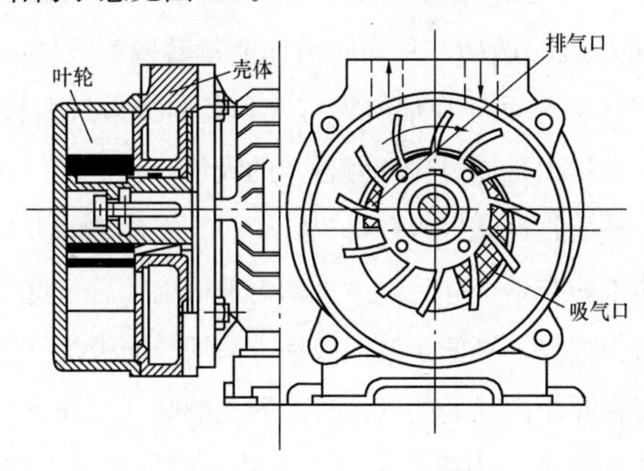

图 2-8 水环泵结构示意

水环泵工作之前需要向泵内灌注一定数量的水，这些水起着传递能量的作用，故把这些水称为工作介质。当叶轮在电动机的带动下旋转时，工质在叶片的推动下获得圆周速度，由于离心力的作用被甩向外缘，形成沿泵壳旋流的水环。由于叶轮的偏心布置，转子每转一周，转子上两个相邻叶片与水环间所形成的空间均会形成由小到大、又由大到小的周期性变化。犹如液体活塞在叶栅间做径向往复运动，当两叶片间的“液体活塞”向外推时，空间容积由小变大，就从轴向吸入口把气体抽吸出来。而当叶片间的“液体活塞”向轴心方向做相对运动时，空间又逐渐由大变小，于是将吸入的气体逐渐压缩，通过排气口排出。转子由若干叶片组成，随着叶轮稳定转动，每个容积轮番变化，使吸、排气过程持续下去。在吸气过程中，叶片间的空间内为真空状态，有一部分水不可避免地被蒸发，并随吸、排气过程排出。水环需连续补水，以保证稳定的水环厚度和温度。水环除了起到“液体活塞”的作用，还有散热（对压缩过程）、密封（叶轮和配气板之间）、冷却（轴封件）等作用。因此泵的工作转速（对应一定的水环厚度）、实际工作水温和配气孔布置，对抽气量、工作效率和压缩比（包括可达真空度）起决定性作用。

综上所述，水环泵的工作原理可以归纳如下：由于叶轮偏心地装在壳体上，随着叶轮的旋转，工作液体在壳体内形成运动着的水环。水环内表面也与叶轮偏心，壳体在适当位置开设有吸气口和排气口，叶轮旋转时水环泵就完成了吸气、压缩和排气这三个相互连续的过程，从而实现抽送气体的目的。在水环泵的工作过程中，工作介质能量传递过程为：在吸气区，工作介质在叶轮推动下，增加运动速度获得动能，从叶轮中流出，同时从吸气口吸入气体；在压缩区，工作介质速度下降，压力上升，同时向叶轮中心挤压，气体被压缩。由此可见，在水环泵的整个工作过程中，工作介质接受来自叶轮的机械能，并将其转换为自身的动能，再转换为液体的压力能，并对气体进行压缩做功，从而将液体能量转换为气体的能量。

按吸气和排气方式水环泵分为轴向吸排气和径向吸排气两种。采用轴向吸排气方式时，气体的吸入和排出是通过壳体侧盖上的吸气口和排出口进行的。其优点是结构简单、维修方便；缺点是气体进入和排出叶轮时，气体流动方向与叶轮叶片运动方向相垂直，而且气体不能在整个叶片宽度上均匀地进出叶轮，这就加大了气体进入叶轮和流出叶轮时的水力损失，降低了泵的效率。采用径向吸排气方式，气体进入和排出叶轮，是通过设置在叶轮内缘处的气体分配器上的吸气口和排气口来实现的。其优点是气体可以在叶片全宽范围内进入和流出叶轮，而且还可以借助吸气口和排出口的形状使气体进入和排出叶轮的方向与叶轮运动方向大体一致，这就降低了水力损失，提高了泵的效率；缺点是气体分配器结构复杂，加工和安装精度较高。

真空泵的工作液通常为常温清水，若水质容易结垢，应经软化后再使用。工作水除了能形成液环外，还带走气体压缩产生的热量，同时可以密封住配板与叶轮端面之间的间隙。运行时，真空泵内的部分工作水会随气体排出，所以需连续向真空泵供水。工作水应尽可能采用温度较低的工作水，水中不能含有固体颗粒。如可能混有脏物或颗粒，应在供水管路上装置过滤网，以防止泵内零件磨损或叶轮被卡死。

真空泵最低吸入压力取决于工作水的温度。在工作水温为15℃、气体温度为20℃的情况下，泵的极限吸入压力可达3300Pa。真空泵不带汽蚀保持装置时，吸入压力一般不要小于8000Pa（绝对大气压下），否则容易出现空蚀。如果工作水温较高，允许的最低吸入绝对压力会相应较高，如果设有空蚀保护装置，可提高泵的抗空蚀能力。当真空泵长期在低于允许最小吸入绝对压力下工作时，会遭到空蚀损坏。

三、排水箱及凝结水系统的设备

在排汽管道的最低点设置了一个排水箱（热井），用于排出管道中的凝结水。如果不能靠重力将凝结水收集到凝结水箱中，则需要在热井下方配备排水泵以便将凝结水输送到凝结水箱（目前有些机组采用热井和凝结水箱一体的结构）。

凝结水靠重力从空冷凝汽器凝结水联箱的管路经过凝结水管路流到凝结水箱，

凝结水箱配备有液位计、必要的管接头、检查孔和箱体固定地脚装置。凝结水箱的容量设计成可收集5～10min凝结水。正常运行的液位是其直径的50%。

凝结水箱位于蒸汽/凝结水联箱管路下方，同时其位置应尽量比凝结水泵的位置高，以便提供充分的吸入压力从而可以使用标准的水平布置水泵。凝结水泵将凝汽器热井中的凝结水输送至除氧器的水箱。

凝结水在被输送过程中，还要经过精处理，清除杂质后先经过低压加热器，再进入除氧器的水箱。600MW级汽轮机组通常设有2台互为备用的100%凝结水泵，1台运行，1台备用。

四、排汽管道

排汽管道是指从主厂房内排汽装置出口至空冷凝汽器入口的全部排汽管道及疏水管道，如图2-9所示。

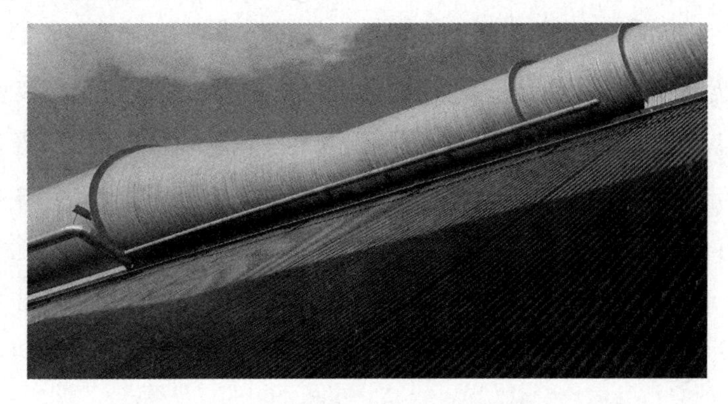

图2-9　排汽管道

在夏季和冬季运行时，蒸汽（对应于排汽压力）比容的变化会导致蒸汽流速的变化进而产生相应的压力损失。蒸汽的流速是其密度的函数，通常为40～80m/s。在投资较少的条件下，通过蒸汽排汽管道和换热器表面积的优化设计，可以将对应于较小初始温差的压力损失降低到最小。排汽管道直径的设计与翅片管内的流速有关，以便确保相同的蒸汽流量进入到各翅片管中。由于管道采用完全焊接的碳钢结构，因此不会有泄漏发生。

排汽管道始于汽轮机的排汽口，其截面通常为长方形，通过一个过渡件与管道的直径段相连。直段的管道配有加强环，管道上的不锈钢膨胀节用于减小由于管道的热膨胀和位移导致的汽轮机法兰的应力和位移。配备的人孔用于常规检查，排汽管道还配有必需的固定和浮动支座，为了保护冷凝系统，以免管道承受过高的压力，隔膜和安全阀被安装在由平台可以接近的管道上。

五、空冷凝汽器清洗系统

由于直接空冷凝汽器散热器管束直接暴露在大气之中，而三北地区风沙天气较多，极易在散热器管束翅片内积存杂物及飞虫，影响散热器的换热效率，因此直接空冷系统安装时都加装了一套高压清洗装置。清洗系统包括清洗水泵、不锈钢管道、可移动的带有桁架和喷嘴的清洗头及快速接头、热浸电镀导轨、活动软管驱动机构、支吊架、阀门、压力表等。该系统能在空冷凝汽器正常工作时对翅片的外部表面进行清洗，可以通过电动机驱动器水平和垂直移动。空冷凝汽器清洗系统操作简单，能够将空冷凝汽器清洗干净，清洗后的冷却器性能达到全新冷却器的性能。

第四节　尖峰冷却系统

空冷凝汽器系统设计的原始理念中，为了降低初投资，一般根据典型年小时气温统计表选取不满发小时数为100～200h范围内的某一气温值作为满发气温，在选择夏季满发气温后确定满发背压，由此构成了空冷凝汽器的基本度夏能力，系统规模经优化计算加上边界条件决定，不会有太大的裕量。当运行条件超过限定条件时，采取降负荷的方式可对复杂外界条件的影响加以回避。目前，为保证空冷机组夏季能安全稳定运行，提高机组的带负荷能力，大部分空冷机组都增装尖峰冷却系统。

一、夏季负荷下裕量的考虑

在优化得出空冷凝汽器额定设计参数的基础上，为了提高机组夏季带负荷能力，除制造商自身为设计和制造上留有很小的裕量外，还应通过增加设备和提高设备运行参数来增加裕量，提高空冷凝汽器换热能力。增加裕量措施要结合以下三点去综合考虑：

（1）提高机组度夏能力。根据优化设计，空冷机组在夏季环境温度超过30℃时，空冷凝汽器机组以额定参数运行是不能满发的，增加的裕量应满足机组在夏季环境温度超过30℃时满发。

（2）在不利的运行条件下保证机组安全稳定运行。当空冷凝汽器的送风系统发生异常，以及由不利风向产生热回流时，应增加裕量使机组尽快恢复安全稳定运行。

(3) 在空冷凝汽器的冷却元件发生异常或产生污垢时，保证机组额定出力。

二、增加空冷凝汽器裕量采取的措施

(1) 轴流风机采用变频调速方式驱动。设计风机转速上限为110%（相对额定运行50Hz），风机转速增加，通风量增加，从而提高冷却系统的散热能力。同时由于风机采用变频调速，可实现优化机组经济运行，并且有利于空冷凝汽器的防冻。

(2) 在夏季高温时段，增加汽轮机的进汽量（600MW汽轮机的额定进汽量为1842t/h，最大进汽量，即主汽阀门全开流量为2060t/h），提高汽轮机满发背压（允许范围），实现机组满发。

(3) 加装尖峰冷却系统（喷雾加湿系统）。

1) 加装尖峰冷却系统（喷雾加湿系统）的必要性。直接空冷机组夏季运行时，不利的风向和风速对空冷凝汽器的散热影响特别突出，容易产生热回流。热回流导致空冷凝汽器高温时段散热不良，会使机组背压短时瞬间升高，如机组运行保持高背压，背压极有可能超过跳闸值机组跳闸，国外机组曾多次出现因背压保护动作使机组跳闸的情况。目前直接空冷机组夏季高温运行时大多通过限制机组负荷，留出约20kPa的背压裕量，来防备这种情况的发生。但该方式使直接空冷机组在夏季高温时段出现限负荷时间远超过设计限负荷时间，会带来一定的经济损失和社会损失。所以要在保证空冷凝汽器基本度夏能力的前提条件下，考虑采取进一步的技术措施，使空冷凝汽器具有在某种程度上超过设计时满发气温满发背压性能的能力，实现机组效益最大化。

尖峰冷却系统（喷雾加湿系统）的投入可强化空冷凝汽器传热效果，提高空冷系统的度夏能力，是解决高温限负荷的有效手段。在夏季高温时段投运尖峰冷却系统可使直接空冷机组夏季高温少限或不限负荷。

2) 尖峰冷却（喷雾加湿系统）工作原理。尖峰冷却方式的主要原理是高气温时段在空冷凝汽器迎风面喷水雾，一部分与翅片管束进行热交换，水雾在管束表面升温后蒸发，利用汽化潜热吸收了热量；另一部分雾化后的小水滴与环境空气直接换热，降低环境温度，增大传热温差，强化传热效果。在我国三北地区，夏季高温时段尖峰冷却系统每天仅需投入2～3h。这种尖峰冷却系统在600MW直接空冷系统首次试用且效果显著，为电厂在整个夏季都能满发创造了良好条件。缺点是为防止空冷凝汽器散热器翅片结污垢，尖峰冷却用水采用除盐水，增大了电厂除盐水的消耗量。

第五节　直接空冷机组电气设备及系统

一、概述

600MW直接空冷机组配有4台空冷变压器、2台空冷备用变压器、4段0.4kV空冷PC配电母线和一段空冷MCC配电母线。空冷PC A、PC B、PC C、PC D段正常由接在该机厂用高压10kV A、B（6kV A、B）2段母线所带的4台空冷工作变压器供电，当某一工作空冷变压器停用时，由接在该机10kV A、B（6kV A、B）2段母线所带的2台空冷备用变压器中的1台供电。

600MW直接空冷机组设有8排7列共56个空冷单元，每个空冷单元设置1台空冷风机，即共有56台空冷风机，均由空冷PC A、PC B、PC C、PC D配电段提供电源。每个空冷PC段接带14台空冷风机负荷。每台空冷风机电动机配有1台变频器，按照机组负荷的需求调整每台变频器的输出频率改变风机的转速，进而达到调整凝汽器背压的目的。

通常空冷MCC段均设有2路电源，若空冷0.4kV系统为中性点直接接地系统，其空冷MCC段由不同空冷PC2段母线供电；若空冷0.4kV系统为中性点不接地系统，其空冷MCC段由机组汽轮机PC A、B2段母线供电。其所带负荷通常为空冷变温控器、管道电伴热、电动门及其空冷附属设备电源。

二、电气一次系统

空冷系统的电气一次设备主要包括：空冷变压器、高低压开关柜、高低压开关、配电母线、空冷风机电动机、变频器、电缆及其附属设备等。

高低压开关柜、高低压开关、PC段母线、电缆及其附属设备配置的选型均与厂用电源电压等级、容量相配套。但各发电公司所用设备各不相同，不再叙述。

1. 空冷变压器

目前国内机组的空冷变压器通常为三相无载调压树脂绝缘干式空冷变压器，因每台变压器接带的主要负荷是带变频器的空冷风机，为了消除变频器给系统带来的奇次谐波，它们均选用了带有三角形接线组别的变压器。空冷变压器的接线组别一般有两种情况：中性点直接接地0.4kV系统配置接线组别为D，yn11和Y，yn0的两种干式变压器；中性点不接地0.4kV系统配置接线组别为D，y11，d0的干式

变压器。

若空冷 PC 段所带负荷除空冷风机外，还有其他负荷，其 0.4kV 系统设计为中性点直接接地系统；若空冷 PC 段除了空冷风机外，没有其他负荷，为了机组运行可靠，其 0.4kV 系统设计为中性点不接地系统。

空冷变压器与空冷备用变压器容量一致，接线组别相同，即一台空冷变压器或一台空冷备用变压器只能接带一个 PC 段的负荷。若遇多台空冷变压器同时掉闸的情况，每台空冷备用变压器只能接带相应一个 PC 段的负荷。

2. 空冷电动机

空冷风机电动机采用变频调速电动机，容量一般为 110～140kW。在变频器的驱动下实现不同的转速与扭矩，以适应负载的需求变化。

电动机由本体、机架、底座、轴承、轴承座、联轴器、接线盒等组成。电动机的额定容量与风机的额定出力相匹配，一般电动机容量大于风机轴功率约 10%。

3. 空冷变频器

变频器是把三相交流电变换为直流电，然后再把直流电变换为三相交流电，它改变了输出频率与电压，即改变了电动机运行曲线，使电动机运行曲线平行下移。因此变频器可以使电动机以较小的启动电流，获得较大的启动转矩，即变频器可以启动重载负荷。变频器具有调压、调频、稳压、调速等基本功能。

空冷变频器的数量和容量与空冷电动机相配套。每台变频器柜由柜体、主回路熔断开关、输入电抗器、变频器、输出电抗器、控制单元和控制盘（操作面板）及电动机加热单元等组成。电源进线来自空冷 PC 段上的配电开关，出线至空冷风机电动机。

三、电气二次系统

空冷系统的电气二次设备主要包括保护装置、备用电源自投装置、电压电流测量设施、高低压开关控制回路及其附属设备等。

电压电流测量设施、高低压开关控制回路及其附属设备等的配置选型均与厂用电源电压等级、电流大小、容量相配套。但各发电厂（公司）所用设备各不相同，不再叙述。

1. 保护装置

为了空冷系统一次设备的安全，配备了综合保护装置，主要安装在电源开关柜上。

空冷变压器、电缆及其PC段配备了速断保护、高压侧零序保护、高压侧过流保护、高压侧过负荷保护、低压侧零序保护、绕组超温保护、变压器差动等保护。均由开关柜上的综合保护装置完成。

空冷变频器及电动机配备了电动机过热保护、电动机堵转保护、电动机缺相保护、接地故障保护、过流保护、变频器过热保护、短路保护、输入缺相保护、过频保护、变频器内部故障保护。均由变频器自身的保护装置完成。

2. 备用电源自投装置

为了保证机组运行时背压维持在正常范围内，避免空冷变压器或PC段电源开关突然掉闸，多台空冷风机失电停运，引起背压急剧升高，造成机组降低负荷或掉闸事件的发生，空冷电源不仅在一次系统配置了空冷备用变压器，而且在二次系统配置了备用电源自投装置。实现了在工作空冷变压器掉闸情况下，空冷PC段不间断供电。

空冷厂用电系统运行方式为：空冷PC段正常均由各自的工作空冷变压器电源供电，空冷备用变压器电源开关及各PC备用电源开关均在热备用状态，备用电源自投装置投入运行。当某段工作电源开关掉闸后，备用电源自投装置动作，空冷备用变压器自动投入运行，通过备用电源开关向失电PC供电。

空冷备用电源自投装置的功能有：高压开关跳闸、低压开关跳闸、失压自投切换及手动切换等，同时具有启动后加速保护、备用无压闭锁、防拒跳等功能。

备用电源自投装置启动条件是工作电源开关从合到分或者母线失压。工作过程是先跳PC工作电源开关，后合备用变压器开关及PC备用电源开关。

备用电源自投装置需在装置充电完成后方可启动。必须满足如下条件：①工作电源开关在合位，备用电源开关在分位；②装置运行；③无闭锁信号；④备用变压器高压侧有电压；⑤母线有电压。

备用电源自投装置闭锁的条件有：①备用电源开关在合位；②有闭锁信号；③备用电源无电压；④备自投动作。

备用电源自投装置使用中应注意以下事项：

（1）正常运行时，空冷PC上的备用电源自投装置必须投入运行，出口连接片及开关柜上连接片在投入状态。

（2）当PC工作电源开关因过流保护动作跳闸时，将同时闭锁备用电源自投装置，备用电源开关不投入运行，避免空冷备用变压器自投后再次跳闸，或扩大事故。

(3) 空冷 PC 有一段备用电源开关在运行状态时，另外一段备用电源开关将被闭锁。

(4) 当空冷备用变压器退出热备用以及各 PC 备用电源开关退出热备用前，应闭锁相应的备用电源自投装置或退出备用电源自投装置出口连接片。

(5) 当需手动合上空冷 PC 备用电源开关时，应将该段备用电源自投装置闭锁。

第三章

直接空冷机组的控制

第一节　空冷系统的热工测点及其选型

一、直接空冷系统的组成

直接空冷系统由空冷凝汽器（ACC）、空冷风机、凝汽器抽真空系统及空冷散热器清洗系统组成，如图 3-1 所示。

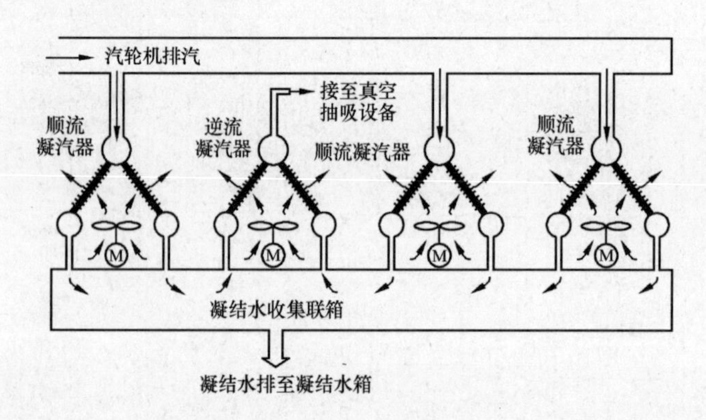

图 3-1　直接空冷系统组成

1. 空冷凝汽器和空冷风机

空冷凝汽器和空冷风机安装在空冷平台上，布置在主厂房外。每台机组空冷平台上共安装 56 组空冷凝汽器和 56 台空冷风机，分为 8 排垂直布置，每排有 7 组空冷凝汽器，其中第 2、6 组为逆流凝汽器，其余 5 组为顺流凝汽器，每组空冷凝汽器由 12 个散热器管束组成。空冷凝汽器下部设置 1 台轴流变频调速冷却风机，使空气流过散热器管束外表面将管内排汽凝结成水，并流回到排汽装置水箱。变频空冷风机的变频调速具有超速 110％的能力。

2. 凝汽器抽真空系统

机组启动阶段，抽真空过程是由三台水环真空泵并列运行完成的。在正常运行阶段只有一台泵工作，作用是将不能冷凝的气体排出真空系统，如果需要也可以由操作员单独手动控制每一台水环真空泵的投切。抽空气管道接到每个冷却单元逆流空冷凝汽器的上部，运行中不断将空冷凝汽器中的空气和不凝结气体抽出，保持空冷系统的真空。

3. 空冷散热器清洗系统

如果空冷散热翅片管束表面脏污、翅片堵塞杂物会导致换热效果下降，影响机组带负荷出力，因此需要配备翅片管清洗系统。清洗采用主厂房除盐水，经补水管道进入空冷岛电控室水泵间的水箱，冲洗水泵从水箱取水升压后将高压除盐水送入空冷平台冲洗装置对翅片进行冲洗。

二、空冷凝汽器系统主要设备

（1）空冷风机由风机、减速机、变频器驱动的电动机及其辅助部分组成，共计8排7列56台。

（2）抽真空系统由2台水环真空泵组成。

（3）主要蝶阀。包括排汽隔离阀、凝结水隔离阀、抽真空隔离阀。分别在第1、2、7、8排装有1个排汽隔离阀、2个或2个以上的凝结水阀和1个抽真空阀。

三、直接空冷控制系统

机组的分散控制系统（DCS）是整个电厂的调节性监控系统，而空冷凝汽器的控制系统则是机组控制系统中的一个独立的子组控制逻辑。重要的监控信号要在GC空冷凝汽器和机组控制系统间实现交换。一般情况下，空冷凝汽器控制系统与主机DCS之间通过光纤转换器进行通信，主要控制都在主控制室进行操作。直接空冷系统在自动控制情况下，以排汽压力作为主控制变量。

以660MW超临界机组直接空冷的控制结构为例，其控制器主要有以下四部分：

（1）DPU34。主要控制内容包括1、8排风机，1、8排的凝结水温度，抽真空温度，1、8排的排汽隔离阀、抽真空隔离阀、凝结水隔离阀，1、8排的防冻保护与升温循环。

（2）DPU35。主要控制内容包括2、7排风机，2、7排的凝结水温度，抽真空温度，2、7排的排汽隔离阀、抽真空隔离阀、凝结水隔离阀，2、7排的防冻保护与升温循环。

（3）DPU36。主要控制内容包括 3、6 排风机，水环真空泵 A，入口蝶阀，抽真空旁路阀，A 补水电磁阀。

（4）DPU37。主要控制内容包括 4、5 排风机，水环真空泵 B，入口蝶阀，B 补水电磁阀。

四、热工控制的测点类型

空冷系统的测点测量主要包括温度、压力。排汽压力、环境温度、凝结水箱液位等，配置 3 只远传检测仪表。三只检测仪表将信号送入控制器，控制器采用“3 取 2”的方式处理信号，即将采集的三个信号中接近的两个值平均作为实际值，此值直接参与所有的控制、监视和报警。如果其中一个检测值偏差其他两值较远时，经确认可以考虑更换对应的检测仪表，保证参与控制的信号的准确性。

（一）温度测量

1. 热电阻

一般热电阻的型号为 WZPK，W 表示温度，Z 表示热电阻，P 表示 PT100，K 表示铠装。热电阻测温是根据金属导体的电阻值随温度的增加而增加这一特性来进行温度测量的。热电阻大都由纯金属材料制成，目前应用最多的是铂和铜（见图 3-2）。

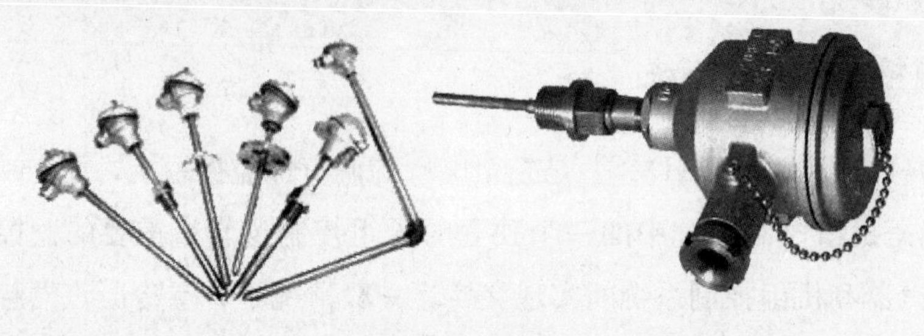

图 3-2　热电阻

热电阻按用途可分为以下三类。

（1）铠装热电阻。热电阻是由感温元件（电阻体）、引线、绝缘材料、不锈钢套管组合而成的坚实体。它的外径一般为 $\phi2 \sim \phi8$。与普通型热电阻相比，铠装热电阻的优点有：①体积小，内部无空气隙，热惯性小，测量滞后小；②机械性能好、耐振，抗冲击；③能弯曲，便于安装；④使用寿命长。

（2）端面热电阻。热电阻感温元件由特殊处理的电阻丝材绕制，紧贴在温度计端面。它与一般轴向热电阻相比，能更正确和快速地反映被测端面的实际温度，适用于测量轴瓦和其他机件的端面温度。

（3）隔爆型热电阻。通过特殊结构的接线盒，把内部爆炸性混合气体因受到火花或电弧等影响而发生的爆炸局限在接线盒内，不会在生产现场引起爆炸。隔爆型热电阻可用于 Bla-B3c 级区内具有爆炸危险场所的温度测量。

热电阻的测温原理与热电偶的测温原理不同的是，热电阻是基于电阻的热效应进行温度测量的，即电阻体的阻值随温度的变化而变化的特性。因此，只要测量出感温热电阻的阻值变化，就可以测量出温度。目前主要有金属热电阻和半导体热敏电阻两类。

金属热电阻的电阻值和温度一般可以用以下的近似关系式表示，即

$$R_{\mathrm{t}} = R_{\mathrm{t_0}}[1 + \alpha(t - t_0)]$$

式中：R_{t} 为温度 t 时的阻值；$R_{\mathrm{t_0}}$ 为温度为 t_0（通常 $t_0 = 0$℃）时对应电阻值；α 为温度系数。

半导体热敏电阻的阻值和温度的关系为

$$R_{\mathrm{t}} = A_{\mathrm{e}}B/t$$

式中：R_{t} 为温度为 t 时的阻值；A_{e}、B 为取决于半导体材料的结构的常数。

相比较而言，热敏电阻的温度系数更大，常温下的电阻值更高，但互换性较差，非线性严重，测温范围只有－50～300℃左右，大量用于家电和汽车用温度检测和控制；金属热电阻一般适用于－200～500℃范围内的温度测量，其特点是测量准确、稳定性好、性能可靠，在控制中的应用极其广泛。

热电阻是把温度变化转换为电阻值变化的一次元件，通常需要把电阻信号通过引线传递到计算机控制装置或热电阻一次仪表上。工业用热电阻安装在生产现场，与控制室之间存在一定的距离，因此热电阻的引线对测量结果会有较大的影响。

目前热电阻的引线主要有三种连接方式：①二线制。在热电阻的两端各连接一根导线来引出电阻信号的方式称为二线制。这种引线方法很简单，但由于连接导线必然存在引线电阻 R，电阻 R 大小与导线的材质和长度等因素有关，因此这种引线方式只适用于测量精度较低的场合。②三线制。在热电阻根部的一端连接一根引线，另一端连接两根引线的方式称为三线制，这种方式通常与电桥配套使用，可以较好地消除引线电阻的影响，是工业过程控制中的最常用的。③四线制。在热电阻的根部两端各连接两根导线的方式称为四线制，其中两根引线为热电阻提供恒定电流 I，把 R 转换成电压信号 U，再通过另两根引线把 U 引至二次仪表。四线制连接引线方式可完全消除引线的电阻影响，主要用于高精度的温度检测。

热电阻一般采用三线制接法。采用三线制是为了消除连接导线电阻引起的测

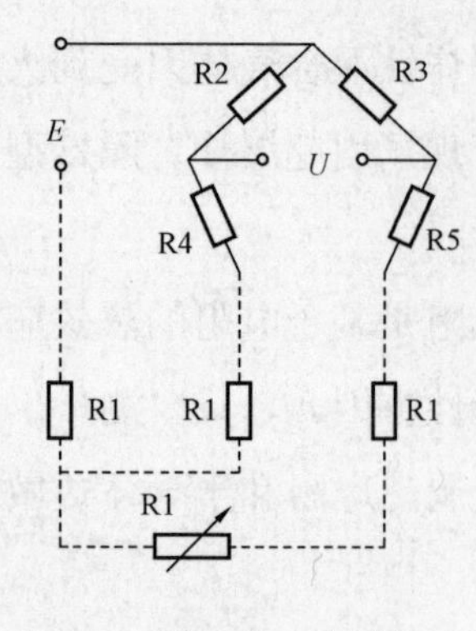

图 3-3　热电阻三线制示意图

量误差。因为测量热电阻的电路一般是不平衡电桥，热电阻作为电桥的一个桥臂电阻，其连接导线（从热电阻到中控室）也成为桥臂电阻的一部分，连接导线中的电阻是未知的且随环境温度而变化，会造成测量误差。采用三线制，将导线一根接到电桥的电源端，其余两根分别接到热电阻所在的桥臂及与其相邻的桥臂上，能够消除导线线路电阻带来的测量误差，如图 3-3 所示。

2. 温度变送器

凝结水管道温度、抽真空管道温度、空冷风机入口温度、环境空气温度、排汽管道温度采用一体化温度变送器，型号为 Pt100，温度范围为－40～150℃，固定卡套螺纹 M18×1.5，插入深度为 150mm/300mm/500mm。

一体化温度变送器一般由测温探头（热电偶或热电阻传感器）和两线制固体电子单元组成，采用固体模块形式将测温探头直接安装在接线盒内，一般分为热电阻和热电偶型两种类型。热电阻温度变送器是由基准单元、电阻/电压 R/U 转换单元、线性电路、反接保护、限流保护、电压/电流 U/I 转换单元等组成。测温热电阻信号转换放大后，再由线性电路对温度与电阻的非线性关系进行补偿，经 U/I 转换电路后输出一个与被测温度成线性关系的 4～20mA 的恒流信号。热电偶温度变送器一般由基准源、冷端补偿、放大单元、线性化处理、U/I 转换、断偶处理、反接保护、限流保护等电路单元组成。将热电偶产生的热电势经冷端补偿放大后，再由线性电路消除热电势与温度的非线性误差，最后放大转换为 4～20mA 电流输出信号。为防止热电偶测量中由于电偶断丝而发生控温失效的事故，变送器中设有断电保护电路。当热电偶断丝或接触不良时，变送器会输出最大值（28mA）使仪表切断电源，如图 3-4 所示。一体化温度变送器的特点是：超小型（模块 ϕ44×18）一体化，通用性强；二线制 DC4～20mA 输出，传输距离远，抗干扰能力强；冷端、温度漂移、非线形自动补偿，测量精度高，长期稳定性好。变送器的温度模块内部采用环氧树脂浇注工艺，可直接替换普通装配式热电偶、热电阻。现场环境温度高于 70 ℃ 时，变送器和现场显示仪表可采用分离（隔离）式安装。如条件不允许，可采用延长保护管长度的方法以达到保护温度变送器。防爆等级为 dIIBT4、dIIBT5；防护等级为 IP54、IP65。

图 3-4　一体化温度变送器

3. 温度开关

风机减速机温控器采用温度开关（ATHs-SW22）控制，设定温度为 5℃。温度开关是一种用双金属片作为感温元件的开关。电器正常工作时，双金属片处于自由状态，触点处于闭合/断开状态。当温度升高至动作温度值时，双金属片受热产生内应力而迅速动作，打开/闭合触点，切断/接通电路，从而起到热保护作用。当温度降到设定温度时触点自动闭合/断开，恢复正常工作状态，如图 3-5 所示。

4. 双金属温度计

排气管道就地温度表选取双金属温度计，型号为：WSS-481，规格为 0～150℃，可动外螺纹 M27×2，插入深度为 500mm，保护管：ϕ10，其他双金属温度计为：0～100℃ ，L=100mm，ϕ150，1∶10mm，316L，M27×2。

双金属温度计利用了两种不同温度膨胀系数的金属，为提高测温灵敏度，通常将金属片制成螺旋卷形状，当多层金属片的温度改变时，各层金属膨胀或收缩量不等，使得螺旋卷卷起或松开。由于螺旋卷的一端固定而另一端和一可以自由转动的指针相连，所以当双金属片感受到温度变化时，指针即可在一圆形分度标尺上指示出温度来。这种仪表的测温范围是 200～650℃，允许误差均为标尺量程的 1%左右，如图 3-6 所示。

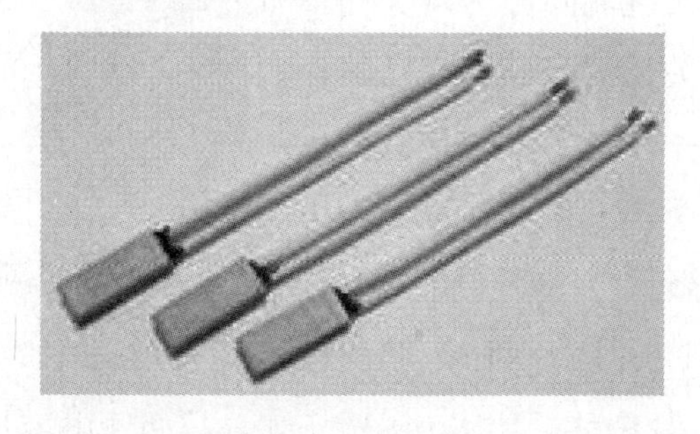

图 3-5　温度开关

图 3-6　双金属温度计

5. 装配热电阻

风机减速机油温用装配热电阻为 PT100 测量，量程为 0～100℃；电动机线圈绕组温度选取装配热电阻，型号为 Pt100，量程为 0～200℃。

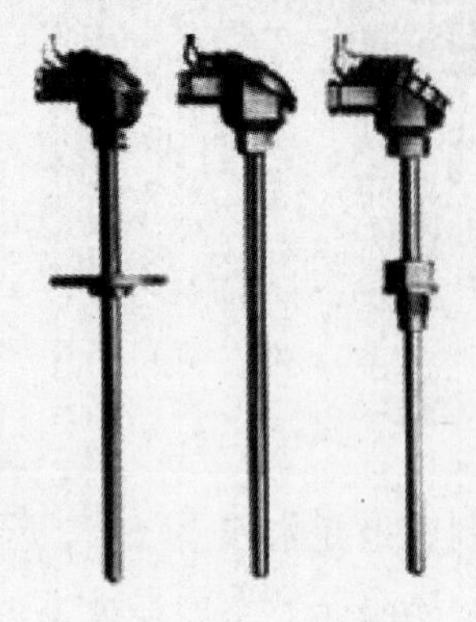
图 3-7　装配热电阻

工业用装配热电阻作为温度测量传感器，通常和显示仪表、记录仪和电子调节器等配套使用，可以直接测量或控制各种生产过程中－200～600℃范围内的液体、蒸汽和气体介质，以及固体表面的温度。根据国家规定，装配热电阻生产应符合 IEC 国际标准分度号的 Pt100 铂热电阻和符合专业标准分度号的 Cu50 铜热电阻两大类装配式、统一设计型热电阻，如图 3-7 所示。

装配热电阻感温元件 100℃时的电阻值（R_{100}）与 0℃时的电阻 R_0 比值（R_{100}/R_0）方面，分度号为 Pt100：A 级 $R_0=100\Omega\pm0.06\Omega$，B 级 $R_0=100\Omega\pm0.12\Omega$，$R_0/R_{100}=1.3850$；分度号为 Cu50：$R_0=50\Omega\pm0.05\Omega$，$R_0/R_{100}=1.428\pm0.02$。

（二）压力测量

1. 压力变送器

排汽管道压力有 6 个测点，主要选取压力变送器测量。压力变送器的规格为：－100～100kPa，4～20mA，精度等级为 0.75%，接口方式 14×2mm，带现场显示，带 Hart 协议或 EJA510A-EAS4N-07EN。环境大气压力测量一般选取 1 个压力变送器，输出 4～20mA 电流信号。

压力变送器把压力信号传到计算机，在计算机显示压力，如图 3-8 所示。工作原理是：将压力的力学信号转变成电流(4～20mA)信号，压力与电压或电流的大小成线性关系，一般是正比关系。所以，变送器输出的电压或电流随压力增大而增大，由此得出一个压力与电压或电流的关系式。压力变送器由测量膜片与两侧绝缘片上的电极各组成一个电容器。被测介质的两种压力通入压力变送器的高、低两个压力室，低压室压力采用大气压或真空，作用在δ元（即敏感元件）的两侧隔离膜片上，通过隔离片和元件内的填充液传送到测量膜片两侧。当两侧压力不一致时，致使测量膜片产生位移，其位移量和压力差成正比，故两侧电容量不等，通过振荡和解调环节，转换成与压力成正比的信号。

图 3-8　压力变送器

2. 压力开关

压力开关的型号为SOR，规格为－100～0kPa。压力开关的工作原理是当系统内压力高于或低于额定的安全压力时，开关内的感应器碟片瞬时发生移动，通过连接导杆推动开关接头接通或断开；当压力降至或升额定的恢复值时，碟片瞬时复位，开关自动复位。简单的说即当被测压力超过额定值时，弹性元件的自由端产生位移，直接或经过比较后推动开关元件，改变开关元件的通断状态，达到控制被测压力的目的。压力开关由单圈弹簧管、膜片、膜盒及波纹管等组成，如图3-9所示。

风机齿轮油压采用压力开关控制，型号为CCS-604GME，设定值为30kPa，量程为2～120kPa；排汽管道压力开关型号为SZ-01BSVF-C，量程为－100～100kPa。

3. 其他压力表

排汽管道就地压力表采用真空压力表，型号为YZ-150，量程为－100～60kPa，精度等级1.0级。以标准大气压为基准，如图3-10所示。

图3-9　压力开关弹性元件

图3-10　真空压力表

（三）其他测量

测量风速方向的风速方向仪的规格为：风向0～360°；风速0～60m/s。

空冷平台仪表接线箱共计8个，一般型号为1040×600×400（长×宽×高），内置260个接线端子。

气动蝶阀的规格为250-FAR1-805c/Wf79u-036DA/Wer-OB201BD00。

气路电磁阀的型号为SCG551A002MS，规格一般为220VAC，2.4W。

液位计/液位开关的型号为BM26/P/C/RR/ER/K2，规格为$L=300$mm，DIN2501，DN20，PN1.6RF。

风机振动开关的型号为3171系列，设定值为2g，量程为1～9g，如图3-11

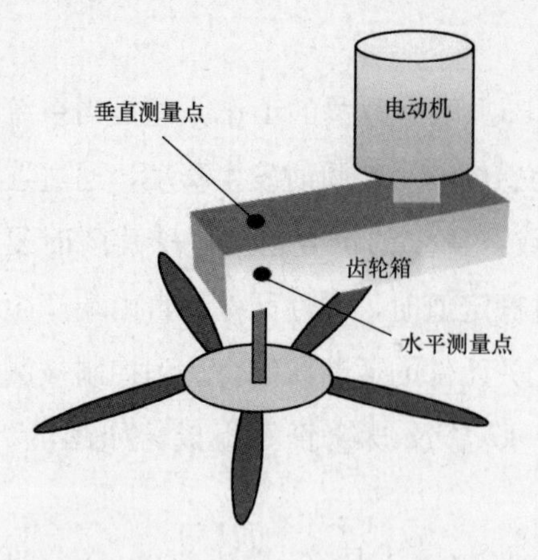

图 3-11　风机振动开关示意图

所示。

自动补水阀的型号为 ASCO，8223G3 220VAC，17.1W。

（四）执行机构

1. 电动执行机构

电动执行机构均应采用一体化型产品，执行机构的选型应尽可能采用同一品牌，可减少备用产品、备用配件的种类和库存。电动执行机构应具有可靠的制动功能，以防止电动机惰走。执行机构应配置就地操作面板，配备远控/就地操作切换开关，并提供保护措施以防止就地误操作。就地操作仅在调试检修时使用，正常运行时均接受 DCS 系统的远方控制。电动执行机构的性能基本要求如下：

（1）电动执行机构在失去电源或信号时，应能保持在失电或失信号前的原位不动，并可输出报警接点。

（2）电动执行机构应配置手轮和手/自动切换装置。在电动操作脱开时，能安全地合至手轮操作位置。

（3）电动执行机构采用的三相交流异步电动机应具有良好的伺服特性，即具有高的起动转矩倍数、低的启动电流、小的转动惯量，并应具有电机的过热保护和断相保护功能。

（4）电动执行机构应配备就地机械式阀位显示器。

电动执行机构电源电压为三相 380V±10%，频率为 50Hz±1%，保护等级至少为 IEC 标准 IP65，主要设备包括电动机和接线盒，如图 3-12 所示。

2. 一体化调节型电动执行机构

调节型电动执行机构的工作原理是通过自配的精确定位装置（随执行机构一体化）接受 DCS 输出的 DC4～20mA 模拟信号，确保电动执行机构和自动调节系统的接口协调一致，组成完整的闭环控制回路。调节型电动执行机构可提供一个内部供电的电气隔离阀位反馈信号（4～20mA），使定位器的输入信号与阀位反馈信号本身即为共地连接，以保证调节性能。

调节型电动执行机构的基本参数包括：①基本误差应小于或等于±1.0%；回差应小于或等于±1.0%。②全行程时间为 35s。③启动特性。电源电压降至负值

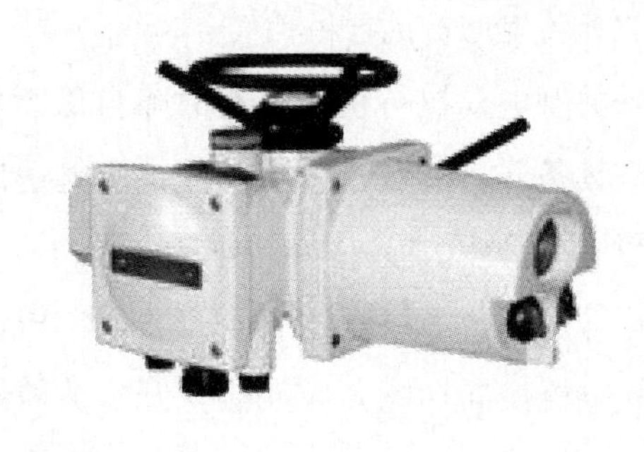

图 3-12　电动执行机构

极限时，执行机构能够正常启动。④绝缘电阻。输入端子与机壳间应大于或等于20MΩ；电源端子与机壳间应大于或等于 50MΩ；电源端子与电源端子应大于或等于 50MΩ。⑤调节型电动执行机构的每小时最大操作次数不应低于 1200 次。

3. 比例式执行机构

比例式执行机构由电动执行机构和伺服放大器组成。

（1）比例式执行机构的基本参数。①基本误差应小于或等于±1.0％，回差应小于或等于±1.0％，死区为 0.5％～5％可调。②阻尼特性应大于或等于 3 次半周期，全行程时间为 35s。③启动特性，电源电压降至负值极限时，执行机构能够正常启动。④绝缘电阻，输入端子与机壳间应大于或等于 20MΩ，电源端子与机壳间应大于或等于 50MΩ，电源端子与电源端子应小于或等于 50MΩ。

（2）比例式执行机构的位置变送器。①输出电流型号为 4～20mA，供电电源为 DC24V，负载电阻应大于或等于 600Ω。线性误差为 0.5％。②伺服放大器，模拟量输入、带有隔离的 DC4～20mA。③银接点开关容量，AC250V/5A、DC110V/0.25A。④始终端可调范围为 0°～20°和 70°～90°。

（3）环境温度的影响。环境温度在－30～70℃范围内，每变化 10℃输出行程变化不大于额定行程的 0.75％。

（4）电源电压的影响。电压从公称值分别变化到正、负极限时，输出行程变化不大于额定行程的 1.5％。48h 的漂移应不大于额定行程的 1.0％。

（5）机械振动影响。执行机构在频率为 10～55Hz，位移幅值为 0.15mm，一体化控制单元在频率为 10～55Hz，位移幅值为 0.075mm，分别承受三个相互垂直的方向。各振动 30min 的正弦扫频试验，行程下限值和量程变化不大于额定行程的 1.5％。执行机构的工作制为可逆断续工作，当负荷率到 100％时启动频率为 100 次/h。通持续率 20％～25％，每小时接通次数 580±50 次运行 48h。

4. 一体化开关型电动执行机构

一体化开关型电动执行机构具有故障自诊断功能，且操作调试简便。开关型电动执行机构应具备开、关自动保持功能，应能送出以下无源干接点各一付供用户使用，接点容量 AC220V3A。由全开位、全关位、开方向过力矩、关方向过力矩、执行机构故障等。保护等级至少为 IEC 标准 IP65，包括电动机和接线盒。应具备无触点电子式电机换向功能。应能接受开、关控制指令（短脉冲无源干接点信号）。

图 3-13　气动执行机构

5. 气动执行机构

气动执行机构随阀门或挡板配供，应按系统控制要求配供所需附件如定位器、电磁阀（进口）、行程开关、二线制（4～20mA）位置变送器等。调节阀气动执行机构应采用优质进口产品，具备失气、失信号保持功能。开关型气动阀门的执行机构在失气、失信号工况时使阀门向人员和过程安全方向动作，如图 3-13 所示。

(五) 其他

1. 仪表阀门及仪表导管技术要求

(1) 仪表阀门全部采用不锈钢材质（含国产仪表阀门）。

(2) 一次门及排污门全部采用焊接方式（插焊）。

(3) 二次门（包括三阀组）采用卡套式或外螺纹式。

(4) 一次门，二次门及排污门必须来自同一厂家。

(5) 真空系统的仪表阀门应采用密封性能好的真空阀。

2. 仪表管接头

(1) 仪表管接头应采用进口产品，随仪表阀门配供，进口范围与仪表阀门相同。

(2) 所有应选用选用双卡套式接头。

(3) 仪表管接头的材质应为不锈钢。

(4) 阀门管接头对管子应是非咬合式密封以确保无泄漏。仪表阀门的管接头承压能力应是系统的极限压力。

(5) 各种规格阀门管接头应采用相同安装规范。

3. 仪表导管技术要求

(1) 仪表导管材质应根据需要采用不锈钢。

(2) 气源管路材质应根据需要采用不锈钢或紫铜管。

(3) 仪表导管的通径和壁厚应满足工艺系统的压力和温度条件及仪表过程接口要求。

(4) 仪表导管应采用无缝钢管，执行标准为GB/T 14976—2012《流体输送用不锈钢无缝钢管》和GB/T 13296—2007《锅炉、热交换器用不锈钢无缝钢管》。

4. 电缆

电缆应包括控制电缆、计算机电缆、热电偶补偿电缆及少量电力电缆，所有电缆应具有较好的电气性能、机械物理性能，以及不延燃性，所有电缆均为阻燃电缆。满足有关国际、国家规范和标准，有同类工程应用业绩。

(1) 控制电缆（用于开关量信号、开关量输入信号应选用带屏蔽控制电缆）技术要求。

1) 交流额定电压。U_0/U450V/750V，耐压试验3000V，5min完好。

2) 工作温度为－40℃～＋90℃ 。

3) 绝缘电阻为温度在20℃下不低于1×10^5MΩ·m。

4) 导体线芯直流电阻（20℃）符合GB/T 3956—2008《电缆的导体》规定，铜芯导体线芯1.5mm×2。

5) 无铠装电缆允许弯曲半径不小于电缆外径的6倍，铠装电缆允许弯曲半径不小于电缆外径的12倍。

(2) 计算机电缆（用于模拟量信号）技术要求。

1) 交流额定电压。U_0/U为300V/500V；耐压试验2000V，1min完好。

2) 电缆最高工作温度为＋90℃。

3) 最低环境温度为－40℃。

4) 绝缘电阻在20℃下温度不低于1×10^3MΩ·km。

5) 工作电容应低于90pF/m。

6) 电容不平衡应低于1pF/m。

7) 无铠装电缆允许弯曲半径不小于电缆外径的6倍，铠装电缆允许弯曲半径不小于电缆外径的12倍。

8) 铜芯导体线芯截面积为1.0mm^2，对绞分屏计算机电缆。

(3) 热电偶补偿电缆（用于热电偶信号）。

1）产品规范和标准。采用 IEC584－3 及 GB/T 4989—1994《热电偶用补偿导线》等标准。

2）技术要求。热电偶补偿电缆应采用密封绝缘和护套的工艺结构，应具有优良的防潮、防腐等性能，耐高温补偿电缆制造应采用先进的生产工艺制造，测量精度应满足国家有关标准要求。①电缆最高长期工作温度为＋90℃（普通）；②最低环境温度为－40℃；③绝缘电阻在 20℃下温度不低于 25MΩ·km；④工作电容应低于 80pF/m；⑤电容不平衡应低于 1pF/m；⑥分布电感应低于 0.6μH/m；⑦静电感应电压（静电电压 20kV）应低于 10mV；⑧导体线芯截面积为 $1.5mm^2$，E 分度；⑨电磁干扰感应电压（50Hz，400A/m）应低于 5mV；⑩无铠装电缆允许弯曲半径不小于电缆外径的 6 倍，铠装电缆允许弯曲半径不小于电缆外径的 12 倍。

第二节　空冷系统的控制原理

一、工艺流程

以 660MW 超临界机组为例，空冷凝汽器系统由 8 排共 560 片换热管束［包括“顺流冷凝器”管束（Pfc）和“逆流冷凝器”管束（Cfc）］和 56 台风机组成。其中 Pfc 管束为 464 片，Cfc 管束为 96 片，如图 3-1、图 3-14 和图 3-15 所示。

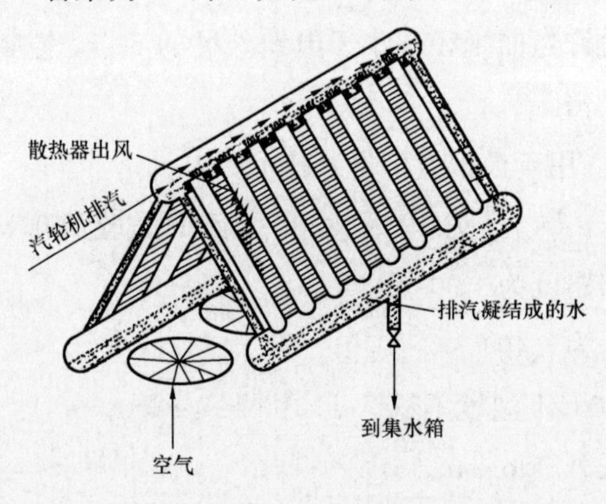

图 3-14　空冷组成图

（1）来自汽轮机的蒸汽经由主排汽管道进入空冷凝汽器，再由蒸汽分配管箱进入凝汽器管束。凝汽器元件由平行排列的大量翅片管组成，蒸汽在管内表面冷凝，同时冷却空气横过管外表面。蒸汽分配管箱位于屋顶形管束的顶部，并与作为

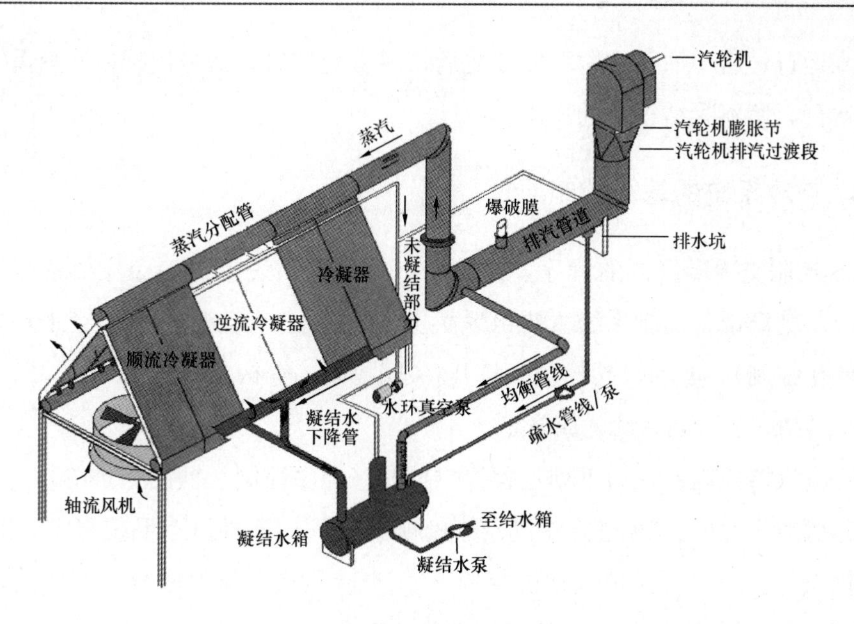

图 3-15　直接空冷组成图

冷凝器的管束焊接在一起。管束下部的接管直接与下联箱连接，下联箱将凝结水送到凝结水疏水管道且将未冷凝的蒸汽送至逆流冷凝器管束。逆流冷凝器管束的顶端有一个管箱，空气经管箱上的接管被抽取。抽气管道与抽真空系统相连接。

(2) 来自汽轮机的蒸汽通过排汽管道进入直接空冷系统被冷凝。蒸汽经过每一排的蒸汽分配管到冷凝器管束，在冷凝器管束中大约有 70%～80%的蒸汽将被冷凝。

(3) 不凝结气体在分凝器管束的上部抽出并在真空泵系统中被压缩后排入大气。

(4) 产生的凝结水受重力作用通过凝结水疏水管道流入热井。冷凝所需的冷空气由轴流风机获取并吹向翅片管束的冷却表面。冷空气的流速及风量依靠改变电动机的转速来实现。

(5) 来自汽轮机或旁路的蒸汽通过主蒸汽管道流入冷凝器并在那里被冷凝。凝结水由凝结水管道排出。抽真空系统提供启动系统所需要的真空，并在系统运行期间排出不凝结气体。

(6) 空冷系统所需要的冷却空气由布置在管束下部的轴流风机提供。56 台风机经变频电动机驱动，功率传递由减速机完成。减速机配有轴端泵，其转速与风机电动机转速成比例。风机电动机最小转速为 30%。

(7) 抽真空系统的运行由 2 台水环真空泵完成。在启动抽真空系统后，2 台泵均需投入运行，启动抽真空阶段完成之后（风机允许启动信号出现后）只需 1 台真空泵投运行，使不凝结气体的排出。

二、空冷系统的基本控制原理

DCS 控制空冷凝汽器的程序，是整个电厂控制系统中的一个主要部分。空冷凝汽器及其辅助设备控制系统主要由风机电动机控制（变频电动机）、水环真空泵（启动/停止控制）、电动蝶阀控制（打开/关闭控制）等构成。

1. 空冷凝汽器控制系统构成部分

空冷凝汽器控制系统为下列过程提供控制（顺序控制、回路保护等）：① 空冷凝汽器起机顺序程序。② 空冷凝汽器停机顺序程序。③ 抽真空系统程序。④ 基于汽轮机排汽压力的风机变频电动机控制。⑤ 空冷风机、排汽隔离阀、凝结水隔离阀和抽真空隔离阀控制。⑥ 保护回路（保护程序，必要时会优先于实际的风机控制器作用）。

2. 空冷系统基本控制

根据主要设备要求，基本控制包括：①空冷风机的启动、停止与连锁条件。②水环真空泵的启动、停止与连锁条件。③蝶阀的启动、停止与连锁。④背压的控制。⑤风机的自动控制。⑥防冻保护控制。⑦升温循环控制。主要空冷控制原理图如图 3-16 所示。

为了获得理想的排汽背压，排汽压力控制器将排出蒸汽的压力实际值与控制系统给出的设定值进行比较，通过一个 PID 控制器改变风机转速实现负载变化时系统的快速响应。如果控制偏差超过相应的高值，风机切至手动状态。手动状态的输出量由当前风机的平均转速确定，即改变空冷风机转速的同时改变相应位置的空冷风机投入数量以实现快速调整，使系统达到一个新的稳态情况（不同的蒸汽负载和冷却空气温度）。

风机的控制接受上游 PID 控制器的输出的影响，但由于每个风机的启动 PID 值不相同，所以需要对每个风机进行启动 PID 值与额定启动转速之间的转换，转换公式由一般的线性转换得到，比较简单。

冬季天气冷的情况下，为空冷系统设计了防冻保护与升温控制。

防冻保护主要根据当前的凝结水管道温度或者是抽汽管道温度，依次降低顺流风机和逆流风机的转速。风机由于转速降低，换热减弱，使空冷凝汽器蓄热能力增强，以此来实现防冻的功能。

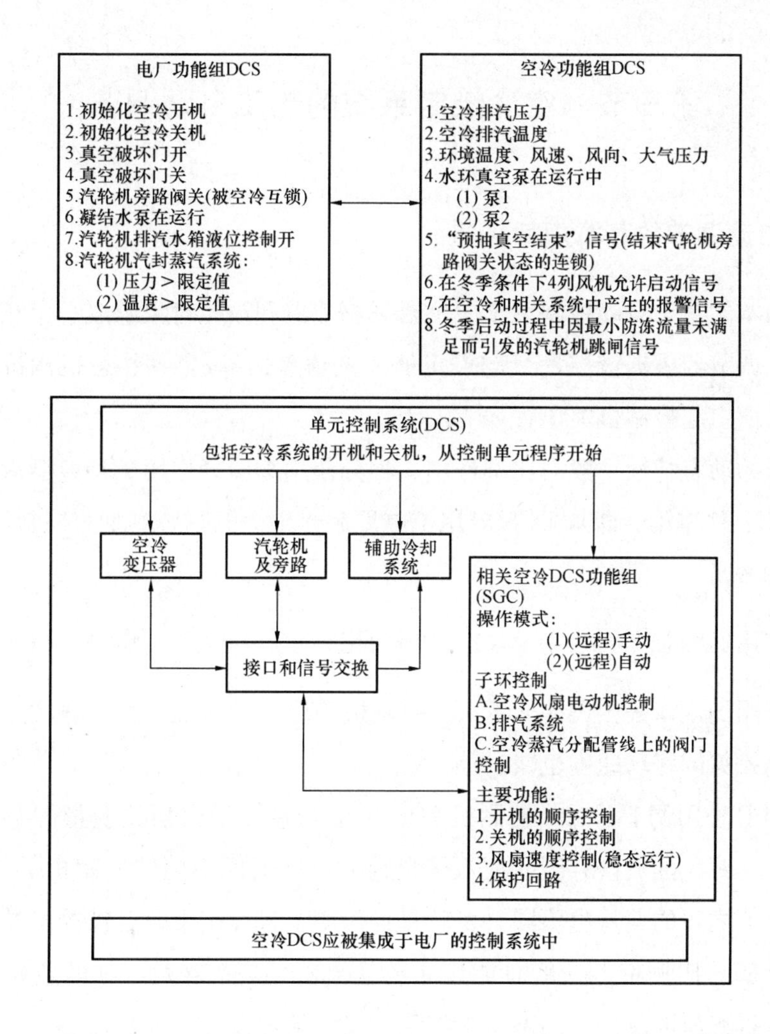

图 3-16　直接空冷控制原理图

升温循环主要根据环境温度，依次对 8 排 7 列的逆流风机进行倒转控制，通过风机的倒转，达到空冷系统升温的目的与效果。

3. 重点监视参数

（1）监控环境温度、排汽温度、凝结水温度、抽汽温度。通过降低风机转速或停止部分风机来防止凝汽器管束冻结。

（2）当环境温度偏低，且蒸汽量较小时，通过关闭第 x 排蒸汽分配管入口阀及 x 排对应的其他阀，降低换热面积，保证空冷凝汽器安全运行。

（3）监视排汽温度、凝结水下联箱温度、逆流管束抽气口温度，提示凝结水或抽气口过冷。过冷度是保证机组节能运行的一个重要参数。

第三节 空冷控制系统的热工自动调节

一、自动调节的基本规律

在最基本的热工自动控制系统中，自动调节器和被控对象组成一个相互作用的闭合回路，调节器根据被控量 Y 与设定值 Z 的偏差信号 e，使执行机构按一定的规律动作，从而引起控制机关位置 m 的变化。

调节器的动态特性一般由比例作用、积分作用和微分作用三种典型调节作用组成，即 P、I、D 作用。即从 DCS 应用于电厂后，PID 仍然是主要的控制器。

1. 比例作用（P 作用）

比例作用的动态方程为 $m=ke$，k 称为比例系数，$\delta=\frac{1}{k}$ 称为比例带。

比例作用的规律是，偏差 e 越大，控制机关位移量 m 也越大，偏差 e 的变化速度快，控制机关的移动速度也快。

当采用 P 作用调节器时，控制机关位置 m 与被控量或相关变量的数值之间必然存在着一一对应的关系，因此在不同负荷时（即对应不同的控制机关位置），被控量与设定值之间的偏差也不同。也就是说，调节过程结束时，被控量总是有偏差的。确定合适的比例带，一般总能使系统达到稳定，δ 越大，对提高稳定性越有利，但调节过程速度放慢，静态时被控量与设定值偏差也增大。

2. 积分作用（I 作用）

积分作用的动态方程式为 $m=\int e\cdot \mathrm{d}t$。从该式可以看出，如果被控量不等于给定值，即 $e\neq 0$，执行机构就不会停止动作。只有在 $e=0$，即偏差消失时，执行机构才停止动作。因此，调节过程结束时，被控量必定是无偏差的。

在调节过程中，积分作用也存在不合理的情况，即如果参数整定不当，会使调节过程发生振荡。

3. 微分作用（D 作用）

由微分作用的动态方程式 $m=\frac{\mathrm{d}e}{\mathrm{d}t}$ 可知，调节过程结束时，偏差 e 消失，$\frac{\mathrm{d}e}{\mathrm{d}t}$ 必须等于零，所以控制机构位置不会有变化，这样就不能适应负荷的变化。因此，仅有微分作用是不能执行控制任务的。

微分作用的特点是其控制作用与偏差的变化速度成正比。在调节过程的开始阶段，被控量Y虽然偏离设定值不大，但如果其变化速度较快，微分作用可以使执行机构产生一个较大的位移。也就是说D作用比P、I作用超前，加强了控制作用，限制了偏差的进一步增大，所以微分作用可以有效地减少动态偏差。

4. 比例、积分、微分（PID）调节器

PID调节器的动态方程式为

$$m=\frac{1}{\delta}\left(e+\frac{1}{T_{\mathrm{i}}}\int e\mathrm{d}t+T_{\mathrm{d}}\frac{\mathrm{d}e}{\mathrm{d}t}\right)$$

式中：δ为比例带；T_{i}为积分时间常数；T_{d}为微分时间常数。

PID调节器有比例、积分、微分作用的特点，因此在采用PID调节器时，只要三个作用配合得当，既可以避免调节过程中过分振荡，得到无差的控制结果（积分作用），又能在调节过程中加强控制作用，减少动态偏差（微分作用）。

调节过程的品质应从三个方面来衡量，即稳定性、准确性（动态、静态偏差），以及快速性（调节时间）。但不能认为稳定性越高，调节品质就越好，在整定P、I、D参数时，应从稳定性、准确性、快速性三方面综合考虑。

二、直接空冷系统的自动调节设计

直接空冷系统的设计主要包括以下几个方面：①排气管道（背压）自动控制。② 风机转度的控制。③ 防冻保护的设计。④ 升温循环的设计。

1. 背压自动控制

背压控制是直接空冷系统控制的核心内容。背压的高、低及变化幅度直接决定了汽轮机的做功效率，对机组的负荷升降有着直接的影响，尤其是夏季高温的情况下，背压的高低会对接带机组负荷造成直接影响。背压也是直接空冷机组的重要评价标准之一。

一般的背压控制是基于基本PID控制器进行设计的。测量值是排汽管道上的压力。两组管道上分别取三个测点，通过三选一方式各选取一个中间值，这两个测量值通过二选一进入PID控制器的测量值一端。三选一方式可以进行选大、选小、选中。同理，二选一也可以进行选大、选小和选中，同时可以进行品质判断，当测量值出现异常信号时，自动发出故障报警。

PID的设定值一般通过运行人员手动进行设置，可以根据背压-负荷曲线进行设置，也可以将其固定在一定的范围当中。根据机组的情况，一般将其手动设置为

15～20kPa 左右，当负荷有大幅度变化时，根据风机的转速情况，将设定值进行适当的增减。

PID 控制器通过对设定值与测量值进行运算，输出值将作为排风机的自动速度。由于是有 8 排风机，为了控制方便，将 1～4 排的风机转速控制与 5～8 排风机转速控制分开，通过两个手动操作器分别进行控制。这样有利于运行人员对空冷系统的控制。如果风机转速有偏差，或者两侧排汽管道压力有差异，可以对 5～8 排风机设置适当的偏置，进行增大或减小，增加运行人员的灵活性。

如果压力测量元件出现异常，设定值与测量值偏差较大，或者风机投入自动的数量过少，此时手动操作器将由自动切至手动状态，风机自动速度将由 PID 输出切至运行风机平均转速。为了保证切换的无扰，切换模块将缓慢进行该过程，可以通过内部速率来确定。

手动操作器处于手动模式时，PID 控制器将处于跟踪状态，其内部参数不是根据设定值和测量值确定，而是根据下游算法的值决定的，如图 3-17 所示。

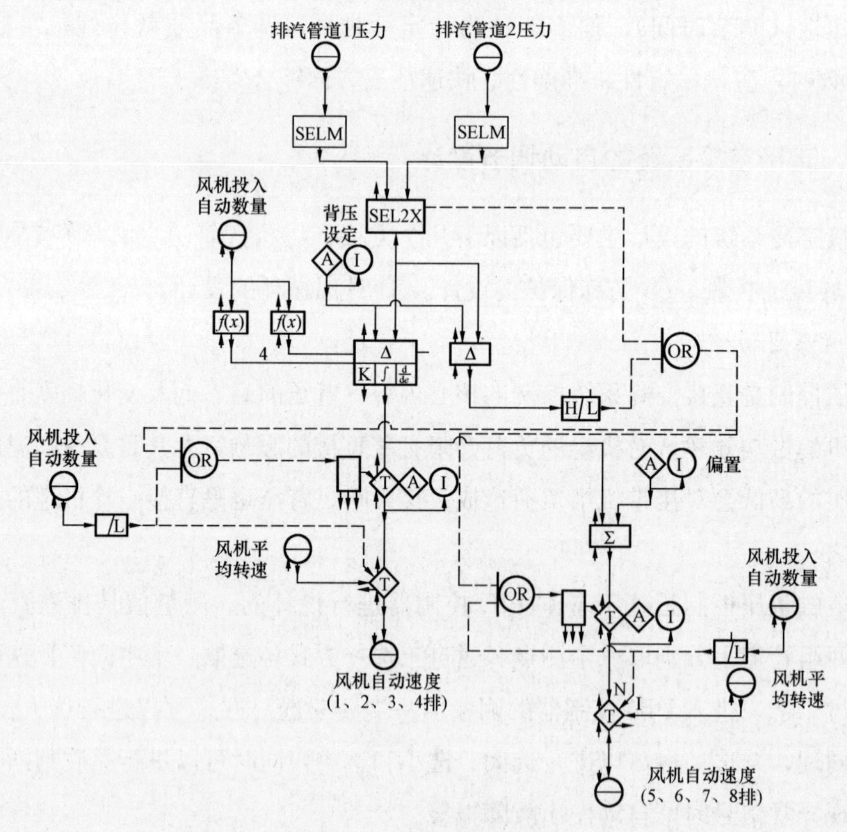

图 3-17　背压自动控制

为了使PID控制器能够较好地适应运行工况，将PID控制器进行自适应优化，其比例和积分参数主要根据风机的自动数量来确定。表3-1和图3-18为实例，可供参考。

表3-1　　PID参数样表

项目参数	风机投入自动数量								
PID控制器参数	1	7	14	21	28	35	42	49	56
比例参数	6	6	6	5	5.5	5	5.7	5	4.5
积分参数	10	20	20	20	20	20	20	21	22

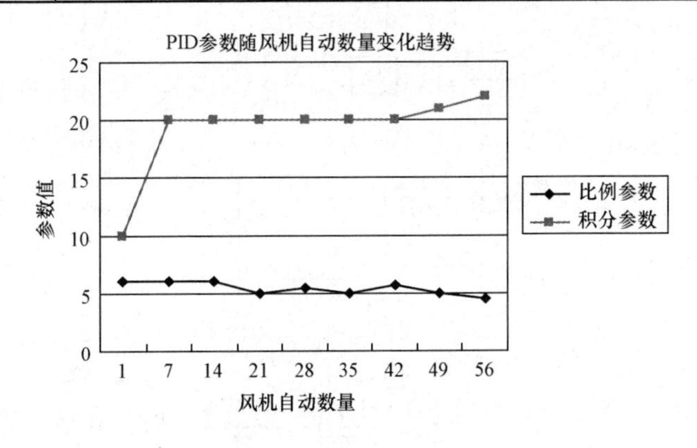

图3-18　PID参数趋势

2. 风机的自动控制

风机电动机的自动控制是通过系统排汽压力差异进行的。排汽压力控制回路的主控制器输出值在设定范围$Y=0\sim100\%$内变动，主控制器连接每排的顺流凝汽器控制器和逆流凝汽器控制器，风机由下级控制器控制启动，这一设定范围是根据表3-2所示“风机转速级配”分配到各个不同的风机速度挡位，如图3-19所示。

表3-2　　风机转速级配

PID值	1排	2排	3排	4排	5排	6排	7排	8排
逆流风机启动PID值	6.6	6.2	5.8	5.4	5.2	5.6	6.0	6.4
逆流风机停止PID值	4.6	4.2	3.8	3.4	3.2	3.6	4.0	4.4
顺流风机启动PID值	41.4	41	40.6	40.2	40	40.4	40.8	41.2
顺流风机停止PID值	36.4	36	35.6	35.2	35	35.4	35.8	36.2

一般逆流风机自动启动顺序：52风机（5排2列风机）、56风机（5排6列风机）→42风机（4排2列风机）、46风机（4排6列风机）→62风机（6排2列风机）、66风机（6排6列风机）→32风机（3排2列风机）、36风机（3排6列风

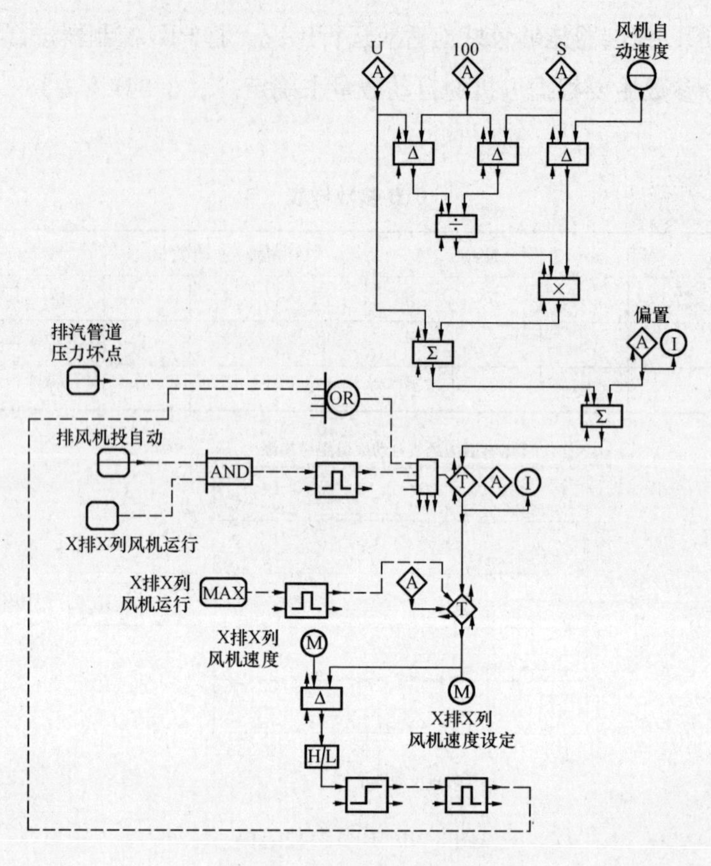

图 3-19　风机的自动控制

机）。

一般顺流风机自动启动顺序依次按 5→4→6→3→7→2→8→1 排的 3、5、1、7、4 列风机进行（例 53 风机、43 风机、63 风机、33 风机依次启动）。剩余 1、2、7、8 排风机的启动条件为对应排汽隔离阀打开且对应排投自动，每排投自动条件有：四个凝结水温度都大于 35℃，启动顺序与逆流风机的顺序一致（5→4→6→3→7→2→8→1）。风机自动停止顺序与风机自动启动顺序相反。风机控制具有各排自动、总自动功能。

各排“风机允许启动”信号出现后，启动按表 3-2“风机转速级配表”中的风机转换顺序。

一般情况下，风机的速度设定值在 30%～100%之间，输出 4～20mA 信号，将信号引入风机变频器，通过变频器控制风机的转速，从而达到控制背压的最终目标。所以，风机控制是实现背压控制的最终方式。

风机自动速度可以直接通过单个风机手动操作器输出，但是由于每个风机的启

动 PID 是不一致的，需要对风机自动速度进行一定的转换，转换公式为

$$Y=\frac{100-U}{100-S}\times(X-S)+U$$

式中：U 为风机的启动转速，为风机最大转速的 30%；S 为风机的启动 PID 值；X 为上游的风机自动速度；Y 为风机的速度设定。

为了便于运行人员对单个风机进行操作，加入偏置模块。在排汽管道压力异常或风机指令与反馈偏差较大时，风机由自动切至手动状态，手操器要处于算法跟踪状态，可以实现无扰切换。当该排风机投入自动方式且该风机运行时，该风机可以投入自动模式。

3. 防冻保护控制

每一排空冷凝汽器被分为两部分，称为段 1、段 2，段 1 对应的风机为 1～4 号风机，其中 2 号为逆流风机，1、3、4 号为顺流风机；段 2 对应的风机为 5～7 号风机，6 号为逆流风机，5、7 号为顺流风机。

针对每一排和每一段，都可以投入防冻保护。逻辑中，每一段防冻保护分别设计了防冻保护 1 与防冻保护 2。防冻保护 1 是由该排的凝结水温度触发，防冻保护 2 是由该排的抽真空温度触发，且互相制约，不能同时作用。防冻保护最终的结果是降低风机转速，因此无论此时风机处于自动方式还是手动方式，其转速都要降低，因此防冻保护的优先级大于风机的自动或手动控制，如图 3-20 所示。

以一排一段风机为例，其控制原理如下：

（1）当该排该段的防冻保护投入时。该排的凝结水温度通过两个数值取其中的较小值判断。如果小于 30℃，则该排该段的防冻保护 1 动作，同时闭锁防冻保护 2。此时，该排该段的顺流风机的转速逐渐降低至 30%，同时对该排该段的逆流风机转速进行保持。当凝结水温度大于 35℃时，防冻保护 1 复位。如果在防冻保护 1 动作的情况下，凝结水温度继续降低，当小于 22℃且顺流风机的转速已经降至 32%，此时启动防冻保护 3，防冻保护 3 的作用是将逆流风机的转速从保持降至 30%，当凝结水温度大于 24℃，防冻保护 3 复位。

（2）当该排该段的防冻保护投入时。该排的抽真空温度通过判断之后，如果小于 25℃，则该排该段的防冻保护 2 动作，同时闭锁防冻保护 1。此时，该排该段的逆流风机的转速逐渐降低至 30%，同时对该排该段的顺流风机转速进行保持。当抽真空温度大于 32℃时，防冻保护 2 复位。防冻保护 2 动作的情况下，抽真空温度继续降低，当低于 20℃且逆流风机的转速已经降至 32%，此时启动防冻保护 4。

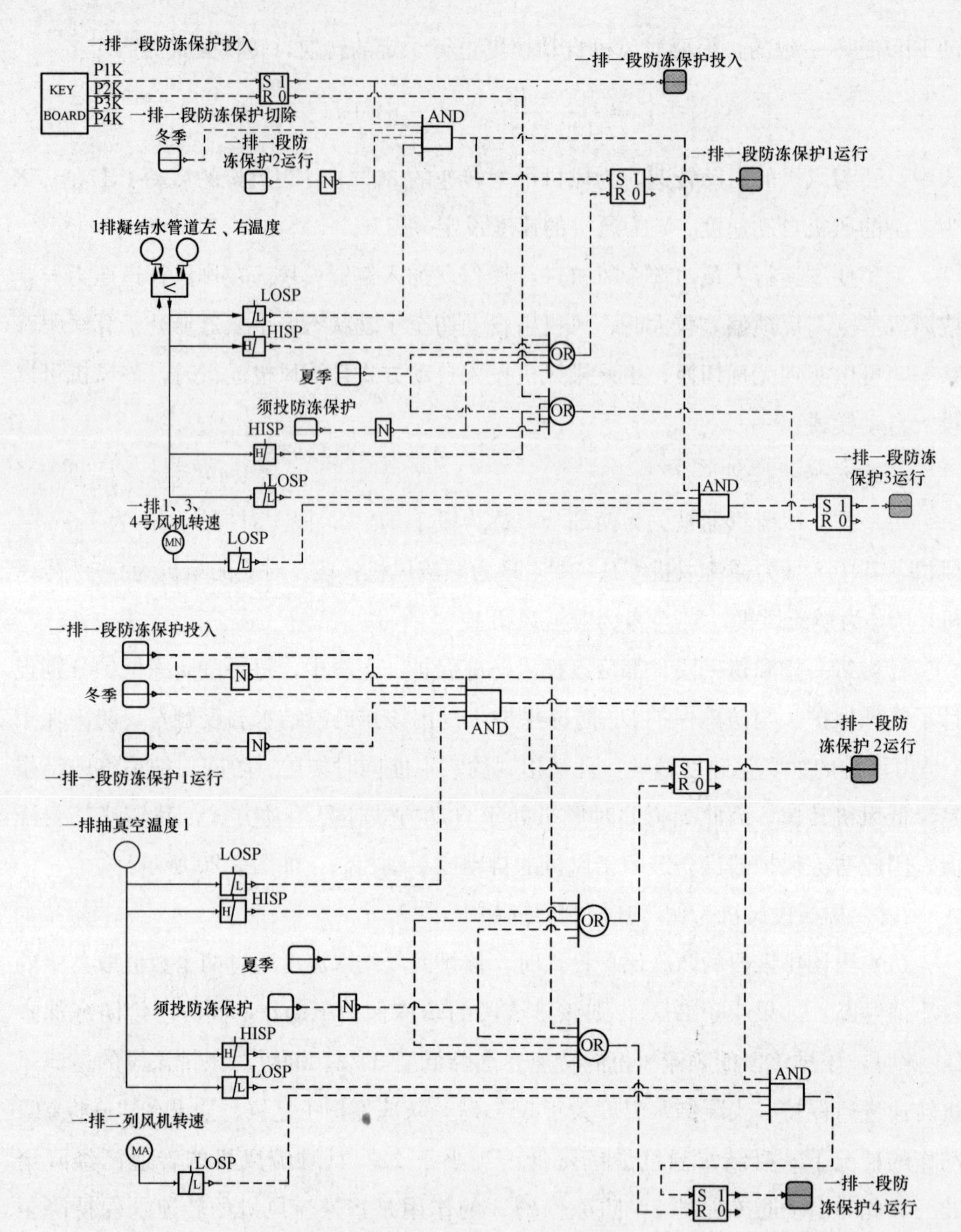

图 3-20 防冻保护设计

防冻保护 4 的作用是将顺流风机的转速从保持降至 30%，当抽真空温度大于 22℃，防冻保护 4 复位。

其他排段的防冻保护设计与该风机一致，冬季降低风机转速是防止空冷系统冻结的一个重要措施。

4. 升温循环控制

空冷系统中设计了升温循环逻辑，其主要目的是在冬季工况下防止空冷系统的冻结。工作原理是使每排每段的逆流风机依次进行倒转运行，从而达到温升的目的。在操作员站上设置有升温循环顺控按钮，方便运行人员进行操作。以一排一段为例，说明升温循环的控制流程，如图 3-21 所示。

当防冻保护没有投入运行，且该排的排汽隔离阀已经打开时，满足升温循环的条件，可以进行升温循环顺控操作。当环境温度低于－2℃时，升温循环投入运行；当环境温度高于 0℃，升温循环控制自动复位，停止运行。

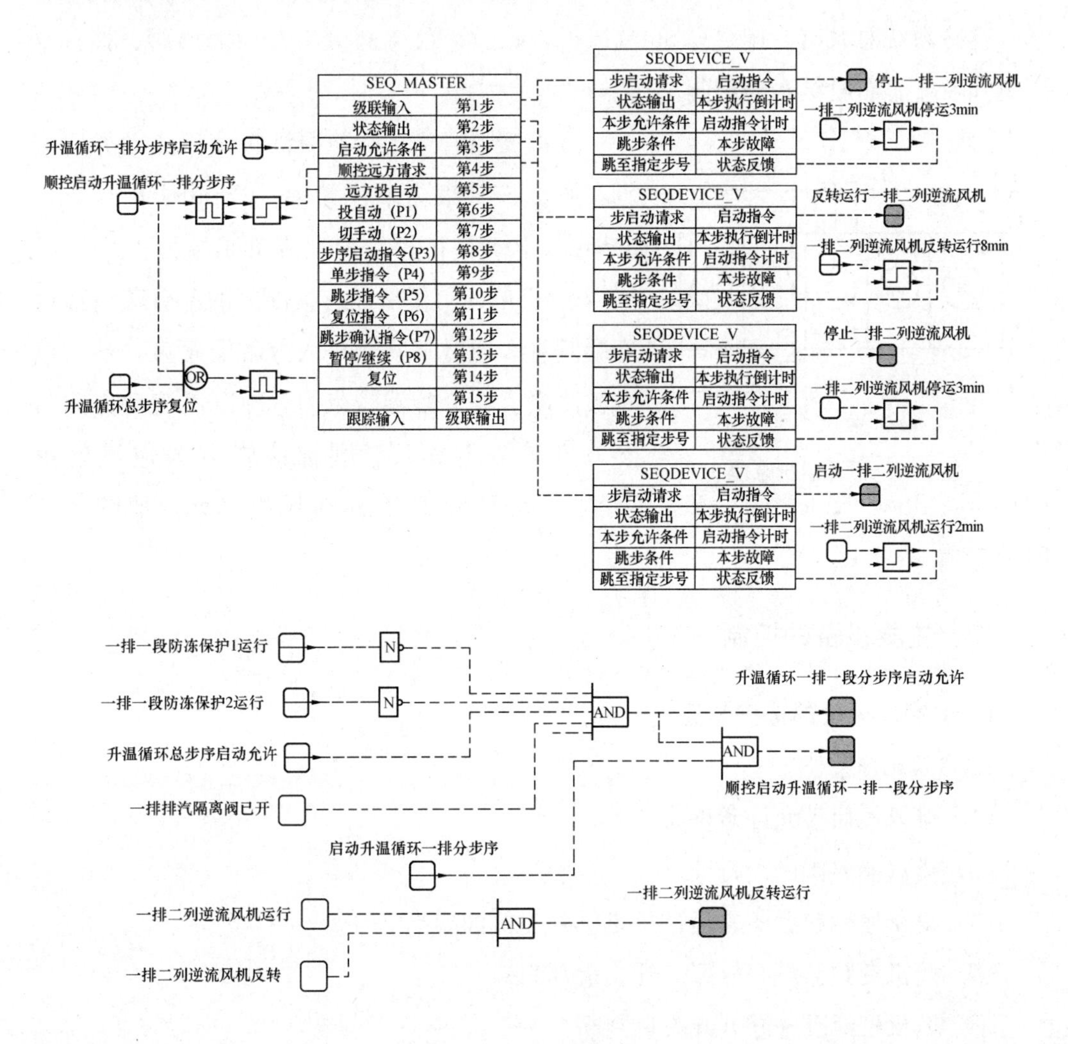

图 3-21　升温循环控制

升温循环进行时，首先停止该排该段的逆流风机，延时 3min 后，反转该逆流风机；运行 8min 后，停止运行该风机；3min 后，正转该风机；2min 后，该排该段的升温循环进行完毕。逆流风机反转转速由环境温度决定，温度－2℃～30℃对应逆流风机反转转速30%～60%。由于每排的两端是同时运行的，所以每排升温步序运行时间为15min，整个升温大循环时间为120min。

第四节　空冷控制系统的热工保护与连锁

一、概述

空冷系统总共有8排7列56台风机，1、2、7、8排装有排汽隔离阀、抽真空隔离阀及左、右凝结水隔离阀。

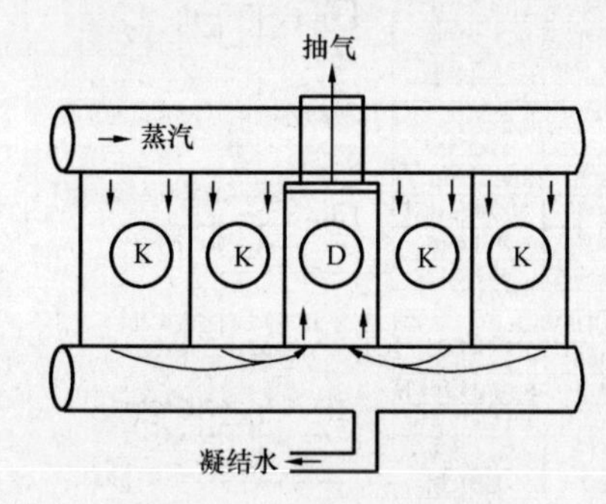

图3-22　顺流逆流原理

在冷凝器管束内，冷凝液按蒸汽流动方向流动，则称该管束为顺流管束（Parallel flow condenser，Pfc），在每排中顺流单元号为1、3、4、5、7风机单元。仍然没有被冷凝的部分蒸汽经过冷凝基管，通过下联箱进入分凝器管束，然后蒸汽被冷凝。在分凝器管束内，冷凝液流动方向与蒸汽流动方向相反，则称该管束为逆流管束（Counter flow condenser，Cfc），每排单元列为2、6对应风机单元，如图3-22所示。

二、主要设备的控制

（一）空冷风机的保护与连锁

1. *启动允许条件*

（1）排风机启动允许条件。

（2）排汽隔离阀已经打开。

（3）夏季运行或者冬季运行且风机减速机油温高于5℃。

（4）风机变频器没有故障（开关量判断）。

（5）风机已经准备好（开关量判断）。

（6）风机不在就地位置（开关量判断）。

（7）风机不存在保护跳闸条件。

（8）排风机启动允许条件为预抽真空结束且为夏季（冬季该排凝结水温度大

于 25℃)。

2. 连锁启动条件

(1) 该排风机投入自动。

(2) 风机自动速度大于 40%或者逆流风机自动速度大于 7%。

(3) 使用 3s 脉冲信号。

3. 连锁停止条件

(1) 该排风机投入自动。

(2) 风机自动速度小于 20%或者逆流风机自动速度小于 5%。

(3) 使用 3s 脉冲信号。

4. 保护跳闸条件

(1) 风机电动机绕组温度高(三选一,一般取高限为 130℃,且变化速率高限为 30℃/min)。

(2) 风机减速机油温高(一般为单点保护,高限为 80℃,且变化速率高限为 30℃/min)。

(3) 风机振动大(开关量)。

(4) 风机齿轮油压低(开关量)。

(5) 风机变频器故障。

(6) 该排的排汽隔离阀已经关闭。

(二) 排汽隔离阀的保护与连锁

1. 打开允许条件

(1) 夏季(冬季)$N+6$ 排凝结水温度大于 35℃且排风机平均转速大于 65%。

(2) 隔离阀没有故障。

(3) 隔离阀不在就地。

(4) 该排抽真空隔离阀已经打开。

(5) 连锁打开条件。夏季阀门初始化且该排排汽隔离阀打开允许。

(6) 连锁关闭条件。冬季阀门初始化(3s 脉冲)。

2. 抽真空隔离阀保护与连锁

(1) 打开允许条件。隔离阀没有故障且不在就地状态。

(2) 连锁打开条件。夏季阀门初始化或者冬季阀门初始化(3s 脉冲)。

(3) 连锁关闭条件。该排排汽隔离阀处于关闭状态且预抽真空结束。

3. 凝结水隔离阀保护与连锁

连锁打开条件。

1）水环真空泵有一台启动。

2）冬季阀门初始化。

3）夏季阀门初始化。

4. 水环真空泵的控制

（1）启动允许条件。

1）电动机绕组温度正常（三取三，小于 100℃）。

2）电动机轴承温度正常（二取二，小于 80℃）。

3）真空泵分离器水位大于 100mm。

4）真空泵入口阀已经关闭。

5）真空泵循环冷却水流量正常。

（2）连锁启动条件。

1）启动 2 台真空泵。

2）备用投入且满足以下条件之一。① 另一条真空泵已经停止；② 冬季任一段抽真空温度小于 15℃；③ 环境温度大于 30℃且真空泵入口压力大于 45kPa；④ 环境温度小于 30℃且真空泵入口压力大于 40kPa。

（3）停止允许条件。

1）真空泵入口阀已经关闭。

2）汽轮机跳闸且低压旁路全部关闭或者另一台水环真空泵运行。

（4）连锁停止条件。选择另一台水环真空泵为工作泵，并且预抽真空结束，入口蝶阀已经关闭。

（5）保护跳闸条件。

1）电动机绕组温度高（三选一，高限为 135℃，最大升速率为 30℃/min）。

2）电动机轴承温度高（二选一，高限为 90℃，最大升速率为 30℃/min）。

5. 真空泵入口蝶阀

（1）打开允许条件。真空泵在运行位置。

（2）连锁打开条件。真空泵在运行位置且入口蝶阀后真空高。

（3）连锁关闭条件。真空泵已经停止且另外一台为工作状态。

6. 抽真空旁路阀

（1）打开允许条件。没有故障且在远方位置。

（2）连锁关闭条件。预抽真空结束且低压旁路未全关。

7. 补水电磁阀

（1）连锁打开条件。分离器水位小于100mm。

（2）连锁关闭条件。分离器水位大于170mm。

8. 真空相关控制

（1）预抽真空启动条件。

1）真空旁路阀在全开状态。

2）水环真空泵都停运。

3）入口蝶阀关闭。

（2）预抽真空结束条件。

1）预抽真空启动。

2）排汽压力小于25kPa。

（3）启动2台水环真空泵条件。

1）预抽真空启动条件。

2）抽真空系统启动。

3）排汽压力大于30kPa。

9. 季节判断

（1）夏季。环境温度大于6℃（三取二）。

（2）冬季。环境温度小于2℃（三取二）。中间是过渡阶段，用RS触发器实现过渡。

空冷凝汽器启动后，进行空冷凝汽器初始化与抽真空系统启动。之后的动作为：

（1）空冷凝汽器初始化且冬季→冬季阀门初始化→连锁打开凝结水隔离阀和抽真空隔离阀，连锁关闭排汽隔离阀。

（2）空冷凝汽器初始化且夏季→夏季阀门初始化→连锁打开凝结水隔离阀、抽真空隔离阀和排汽隔离阀。

第五节　直接空冷机组的控制优化

一、“两个细则”简介

“两个细则”是指电力监督委员会在华北电网试行的《华北区域发电厂并网运

行管理实施细则（试运）》和《华北区域并网发电厂辅助服务管理实施细则（试运）》，简称“两个细则”。它主要从影响电网运行质量的一次调频、自动发电控制（AGC）、调峰、无功调节、自动电压控制（AVC）等方面进行了发电计划和服务质量的考核和补偿。对不满足“两个细则”考核条款的发电厂进行考核，对提供有偿辅助服务的单位，电网公司将给予经济补偿。

从 2009 年 2 月至 4 月进行试运行，从 2009 年 5 月 1 日开始正式运行和考核、补偿。“两个细则”对协调控制系统的调节品质提出了新的要求和课题，对于改进 AGC 控制调节策略，提高 AGC 综合性能指标，提出了更为紧迫的要求。发电厂要想提高“两个细则”净收入，就是要尽量减少发电计划、机组调峰、一次调频动作情况、机组非计划停运和 AGC 调节性能的考核费用，增加机组 AGC 调节性能补偿、AVC 动作情况的总补偿费用。

“两个细则”对 AGC 的考核补偿指标是可用率 K_A 和调节性能 K_p，可用率反映机组 AGC 功能良好可用状态，调节性能 K_p 是调节速率 K_1、调节精度 K_2 和响应时间 K_3 的综合体现。对 AGC 机组控制模式可分为自动调节模式和人工设点模式（MAN）。自动调节模式又包括：①无基点子模式（NOB）；②带基点正常调节子模式（BLR）；③带基点帮助调节子模式（BLE）；④带基点紧急调节子模式（BLA）；⑤严格跟踪基点子模式（BLO）。

一般的协调控制系统的策略都是针对 AGC 指令手动模式进行设计的，在 AGC 指令自动模式下的，汽压的波动比较频繁，调节品质下降，尤其是夏季工况下，机组的背压较高，对汽轮机做功产生了一定的限制作用，进而影响了负荷的响应时间和调节速率，从而降低了机组的 AGC 调节性能 K_p。

“两个细则”对 AGC 的调节性能 K_p 的定义是调节速率 K_1、调节精度 K_2 和响应时间 K_3 的综合体现。

《华北区域发电厂并网运行管理实施细则（试运）》的附件 2 中对 AGC 的性能指标进行了定义。

（1）调节速率计算式为

$$K_1^{i,j}=2-\frac{v_{N,j}}{v_{i,j}} \tag{3-1}$$

式中：$v_{N,j}$ 为机组 j 标准调节速率，MW/min；$v_{i,j}$ 是机组 i 第 j 次调节的实际调节速率。

（2）调节精度计算式为

$$K_2^{i,j} = 2 - \frac{\Delta P_{i,j}}{\text{调节允许的偏差量}} \tag{3-2}$$

式中：$\Delta P_{i,j}$为机组i在第j次调节的偏差量，MW。

调节允许的偏差量为机组额定有功功率的1%。

（3）响应时间计算式为

$$K_3^{i,j} = 2 - \frac{t_{i,j}}{\text{标准响应时间}} \tag{3-3}$$

式中：$t_{i,j}$为机组i第j次的响应时间，火电机组AGC标准响应时间为60s。

（4）调节性能综合指标：

1）每次AGC动作时计算调节性能$K_p^{i,j}$。计算式为

$$K_p^{i,j} = K_1^{i,j} K_2^{i,j} K_3^{i,j} \tag{3-4}$$

式中：$K_p^{i,j}$为衡量机组i第j次调节过程中的调节性能的好坏程度的指标。

2）调节性能日平均值K_{pd}^i。计算式为

$$K_{pd}^i = \begin{cases} \dfrac{\sum_{j=1}^{n} K_p^{i,j}}{n}, \text{机组} i \text{被调用AGC}(n > 0) \\ 1, \text{机组} i \text{未被调用AGC}(n = 0) \end{cases} \tag{3-5}$$

式中：K_{pd}^i为反映AGC机组i一天内n次调节过程中的性能指标平均值。

AGC服务贡献日补偿费用为

$$\text{日补偿费用} = D \times [(\ln K_{pd}) + 1] \times Y_{AGC} \tag{3-6}$$

式中：D为日调节深度，是每日调节量的总和；K_{pd}为机组当天的调节性能指标，Y_{AGC}为AGC调节性能补偿标准。

AGC机组控制模式可分为自动调节模式与人工设点模式。自动调节模式主要有：①BLO方式。ACE处于死区时，由基点功率和ACE积分分量起调节作用。②BLR方式。ACE处于正常调节区内，不考虑ACE的方向，直接将功率指令下发给发电机组。

BLR与BLO的典型变化趋势如图3-23和图3-24所示，这两种方式有着比较显著的特点：①BLR模式的AGC指令的变化非常频繁，且变化周期时间不固定；②BLR模式不可预测的程度加强，而BLO模式能够较好地跟踪电网的计划曲线；③BLR模式中AGC指令变化的幅度不确定，常在10～50MW，给机组的自动运行带来了一定的影响；④在BLR和BLO模式下，汽压的波动比较频繁，影响了机组的AGC调节性能K_p。

如何使机组更好地适应 BLR 和 BLO 模式，在 AGC 指令的频繁变化中保持安全稳定运行，并且能使自动控制系统发挥比较好的作用，是当前协调控制的主要任务。

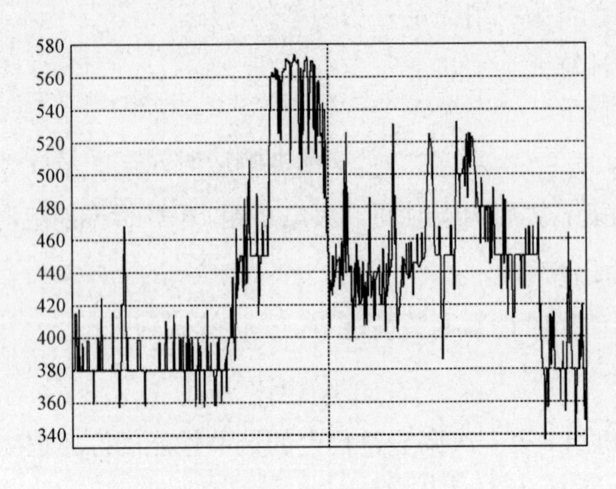

图 3-23　典型 BLR 模式 AGC 指令变化

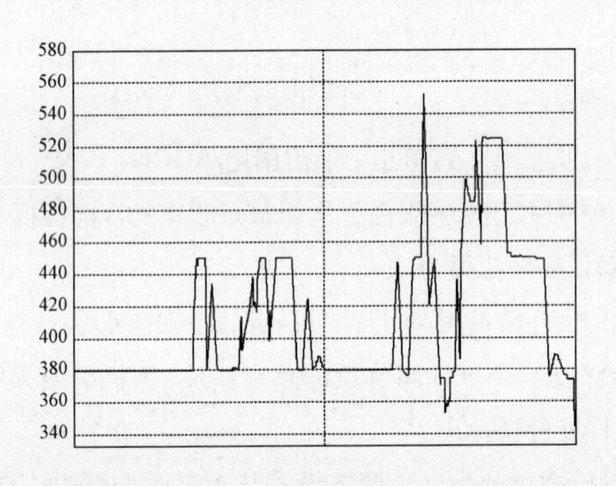

图 3-24　典型 BLO 模式 AGC 指令变化

二、直接空冷系统的逻辑优化

1. 动态微分前馈

为了提高 K_3 值，在风机的背压控制策略中增加了 AGC 指令微分环节，如图 3-25 所示。当 AGC 指令变化时，由于微分作用的存在，将输出一个阶跃变化的信号，输出的信号分别进入 PID 控制器的设定值输入端和 PID 控制器总输出端。如果此时机组处于 AGC 增大变化状态，负荷将会增加，运行人员手动减少设定值将比较滞后，不能很好地利用背压对负荷变化的影响。如果利用微分信号的变化，将

会对PID控制器的设定值有一个阶跃的减少变化，在负荷增加的时候尽量降低背压设定值，增加风机转速。随着汽轮机进气量的增加，负荷将会增加，如果背压增加不是很快或者有短暂的降低，将会有利于汽轮机做功，有利于负荷的增长，对于提高负荷的响应是有利的，能够提高K_3值。反之，当AGC指令减少时，将有一个向上变化的微分信号增加到PID控制器的设定值上，背压增加，抑制汽轮机做功，使负荷进一步减少。

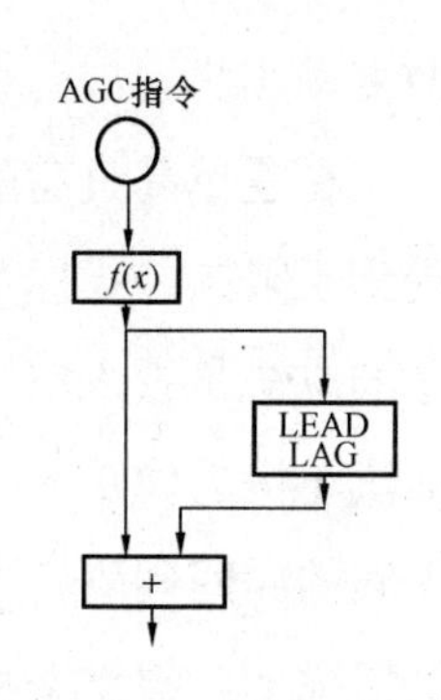

图3-25　AGC指令动态微分

如果单独变化PID控制器的设定值，背压控制输出的变化将会有一个过程，不可能非常迅速，所以将上述微分信号通过函数引入到PID控制器的输出上，作为前反馈的一部分，这样背压控制的输出将会快速变化，由于PID控制器的设定值同时变化，所以不会使之拉回而造成PID控制器的大幅度振荡。

动态微分信号能使负荷在初始变化阶段快速的跨出1%的死区，并且能够稳定一段时间，对于提高响应时间是比较有利的。在该变化过程中，由于前馈和PID控制器的作用，使得微分作用不会被“淹没”。

2. 自动背压曲线优化

一般情况下，机组的背压曲线是比较简单的实际负荷指令函数，可直接作为背压控制的设定值，运行人员可以对其进行干预。

当夏季温度较高时，由于背压较高，运行人员的干预非常频繁，风机的转速随气温、负荷的变化随时在变化。冬季运行人员的干预较少，部分风机处于停止状态时间较多，所以需要对背压-负荷函数进行温度修正。一般通过季节的判断，将原函数切至根据运行经验总结出的实用函数曲线，一方面降低了运行人员的操作强度，减轻了工作量，另一方面也有利于控制系统的自动运行。

3. 自动喷淋优化

由于直接空冷系统是直接利用干空气进行冷却的，所以直接空冷机组的出力取决于进入空冷器的空气干球温度。通过进一步的研究发现，在空冷器进口采用雾化增湿方法可以有效地降低空冷器入口空气的温度，显著提高空冷器的冷却能力。雾化增湿系统如图3-26所示，其工作原理是：水经过喷嘴雾化形成一定粒径的雾滴，雾滴在运动过程中与空气充分混合并迅速蒸发，由于水的汽化潜热较大，雾滴蒸发时会大量吸收空气中的热量，从而降低空气的干球温度，然后将降温后湿空气送到空冷散热器，以提高空冷器的换热量，提高机组的运行真空，增加夏季出力。

在夏季高负荷的工况下，机组的负荷变化能力受到高背压的制约，AGC 性能受到了限制，指标受到了影响。尤其是在高负荷阶段，此时如果增加负荷，比较可靠的方法是投入空冷系统的喷淋装置，利用喷淋来降低机组的背压，从而进一步增加汽轮机的做功能力。如果喷淋系统处于就地控制方式，需要运行人员手动启停，中间的时间间隔将会比较长，为此，将喷淋泵的控制引入 DCS，在夏季背压较高的情况下，根据温度的情况，适时地投入喷淋系统，有利于 AGC 的变化，同时也在一定程度上增加了机组的负荷能力。

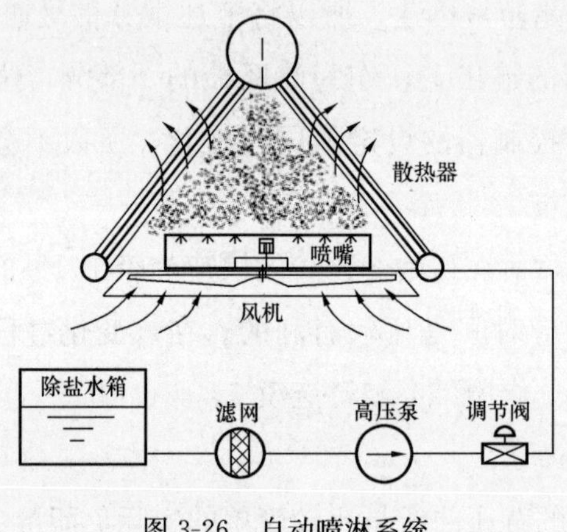

图 3-26 自动喷淋系统

三、超临界直接空冷机组控制优化

超临界机组的锅炉为直流炉，与汽包炉相比具有以下特点：①直流炉的蓄热能力远低于汽包炉，要求控制系统更严格地保持负荷与燃烧之间的关系。②直流炉的给水对功率和主汽压力的影响非常显著。③直流机组要求控制系统严格保持机组的能量平衡，特别是燃烧率与给水量之间的平衡关系。④直流炉的主汽压力与给水泵环节联系紧密。

基于以上特点，针对于“两个细则”，超临界机组的控制策略必须充分考虑以下问题：①加快锅炉侧动态响应的同时，要充分协调好汽轮机侧的动作，使锅炉与汽轮机很好的配合负荷响应。②快速变化汽轮机调门。③安全允许范围内，同步变化燃料和给水量。

机组负荷正常的调节手段主要有给煤量（燃烧率）、给水量和汽轮机调门三种调节手段。根据机组负荷对这三个调节量的响应特性，变负荷基本控制策略是：初期的变负荷任务主要由汽轮机调门来承担，中期的任务主要由给水量来承担，后期

主要由给煤量和给水量来承担。

1. 汽轮机主控的负荷快速响应回路

机组采用炉跟机协调控制方式。如图 3-27 所示，在汽轮机主控策略中，PID 控制器调节机组负荷，实际负荷指令（LDC）进行了三阶惯性滤波，有利于机侧的稳定性，同时对功率也进行了延迟处理，避免了功率的波动。汽轮机主控的前馈采用了 LDC 的函数，设置了压力拉回环节，在负荷变动过程中，当压力设定值与实际压力偏差加大时，暂缓汽轮机调门的动作，在负荷变动过程中，避免了压力过多偏离设定值。

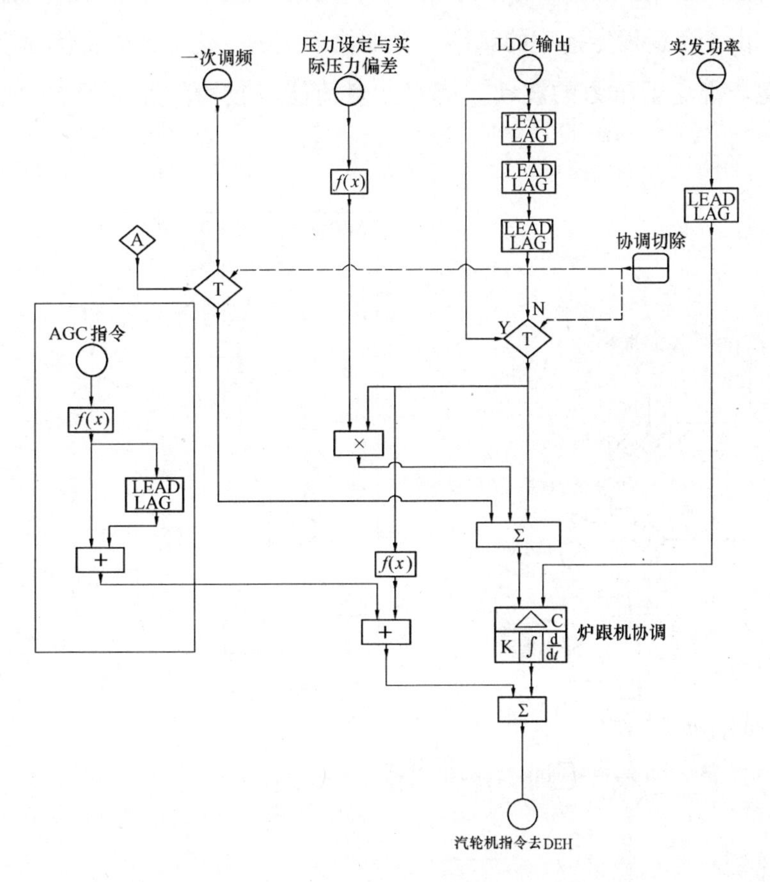

图 3-27　汽机主控逻辑图

为了提高 K_3 值，在控制策略中增加了 AGC 指令微分环节。如图 3-27 方框中所示，当 AGC 指令变化时，由于微分作用的存在，利用汽轮机调门对负荷的暂时快速响应，使得实发功率在较短时间内朝着 AGC 变化的方向进行改变，能够快速的出离 1%的死区。在此变化过程中，汽轮机前馈函数和 PID 控制器的作用，使得微分作用不会被“淹没”。根据实际运行情况，可以选取 LDC 或者是 LDC 与实际负荷的偏差作为微分信号。

2. 负荷变化速率的修正策略

机组的负荷变化速率为额定功率 P_N 的 1.5%。实际负荷变化过程中，负荷受到锅炉和汽轮机以及其他辅机的综合影响，实际速率不可能到达 10MW/min，K_1 会比较低。尤其是压力波动较大时，实际速率受到的影响更大，所以需要对负荷指令控制中的速率进行修正。

如图 3-28 所示，在负荷变化过程中，考虑功率与压力的综合作用。当实发功率与 AGC 的偏差函数、压力偏差函数的乘积超过一定范围时，需对负荷设定速率进行加速，由于负荷设定速率的调高，会加快系统的变化，压力将快速朝着设定值的方向变化，避免了压力的波动，使实际负荷能以较快的速率朝着 AGC 目标值变化。

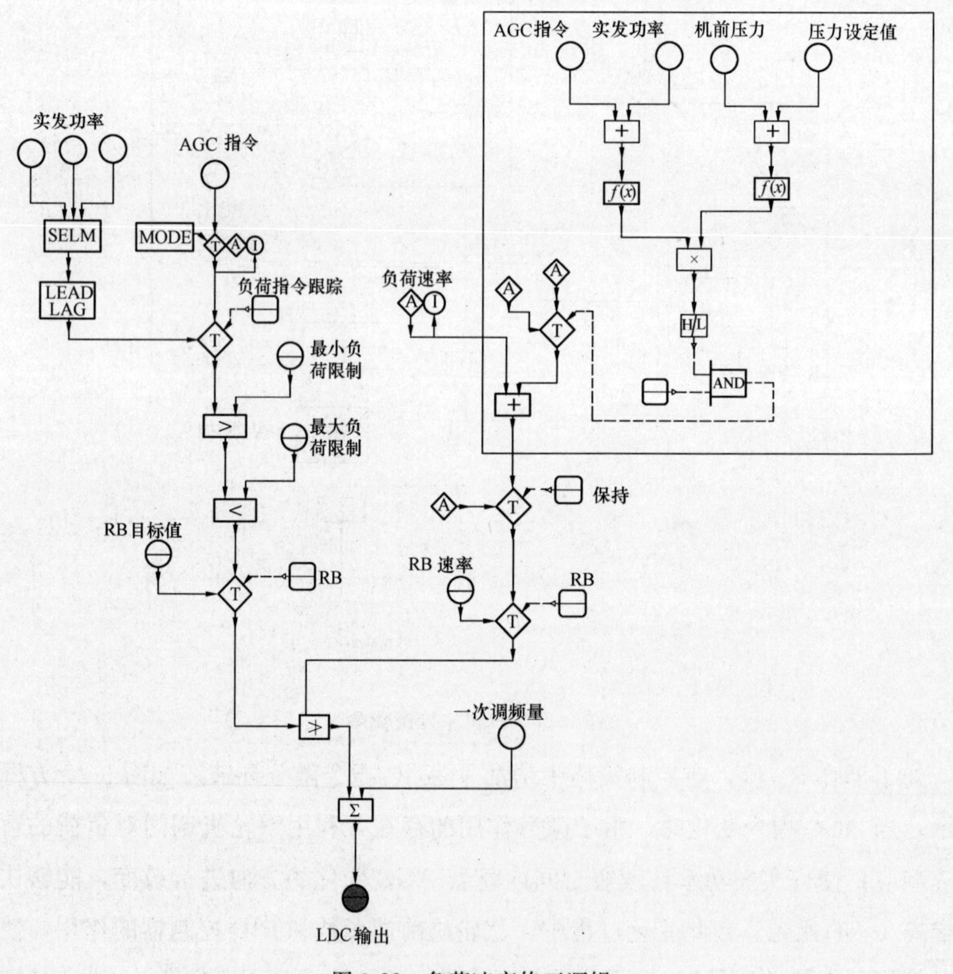

图 3-28 负荷速率修正逻辑

3. 压力设定值的校正

K_2 值主要表示计算负荷的精度，它与主汽压力的波动程度有很大的关系，尤其是在负荷变动过程中，由于汽轮机调门的快速性与锅炉燃烧延迟性之间的矛盾，压力必然有较大的波动。如果压力一直偏离设定值，必然对负荷造成较大的扰动，影响其调节精度。不但影响 K_2 值，而且会降低负荷速率 K_1 值。

一般的压力设定值控制策略中，压力目标设定值通过速率限制模块产生压力设定值，速率限制模块的速率根据具体运行情况可以有不同选择。压力设定值校正回路如图 3-29 方框中所示，当压力设定值与实际压力的偏差大于一定值时，速率限制模块的速率切换到 0，使得当前的压力设定值保持当前值，待压力偏差回到允许范围内时，速率限制模块再切换到正常速率。由于暂缓了压力设定值的变化，压力的波动在短时间内得到了缓和，待到锅炉的燃烧和给水到达要求时，压力继续跟踪

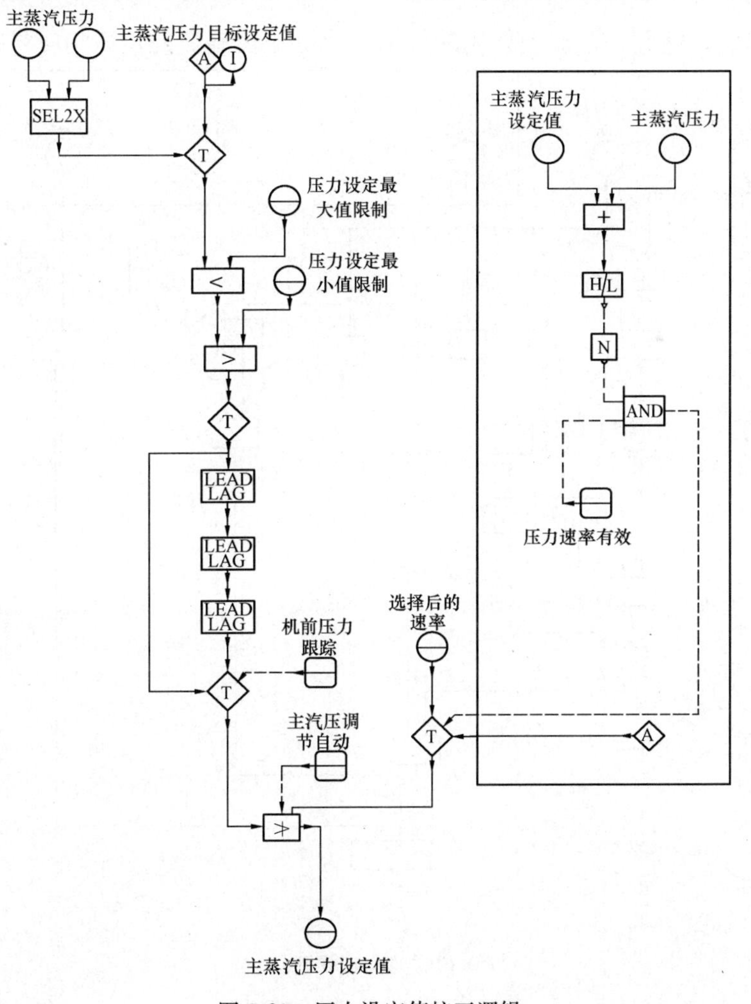

图 3-29　压力设定值校正逻辑

压力设定值变化。

4. 锅炉主控前馈的调整

机组采用锅炉跟随汽轮机的协调方式。锅炉主控侧调整压力，汽轮机主控侧调整负荷。锅炉主控的PID控制器调整主蒸汽压力达到设定值，但其前馈接受的仍然是实际负荷指令LDC。在锅炉主控中，前馈为LDC的函数起到“粗调”的作用，PID控制器控制主蒸汽压力，起到“细调”作用，“粗调”与“细调”相互作用，共同达到控制主蒸汽压力的作用。

锅炉主控前馈的逻辑如图3-30所示。在LDC的基础上增加了水煤比、主蒸汽压力和压力偏差三个修正环节。当水煤比低于一定值时，说明当前的煤质较差，适当增加前馈量，通过“量”来弥补“质”，水煤比高于一定值时，说明当前的煤质较好，可以减小煤量或让其不起作用。主蒸汽压力和压力偏差环节都通过微分作用对前馈起作用，达到一个提前作用的效果，能够缩短锅炉的负荷响应时间，有利于

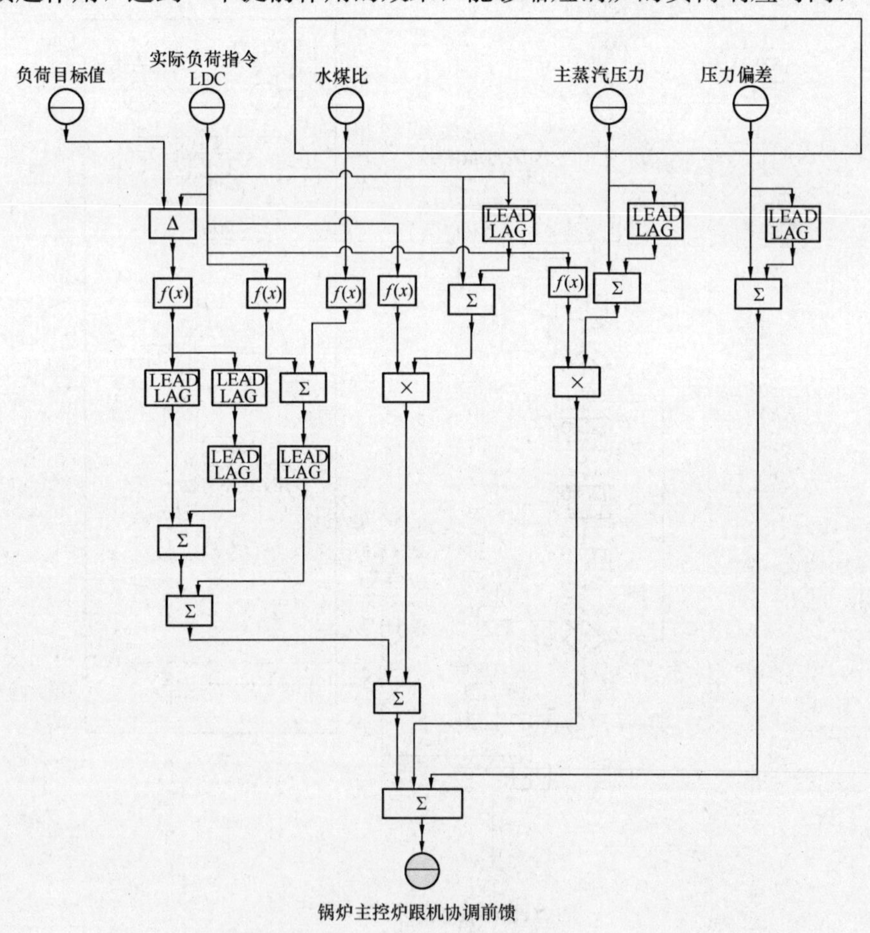

图3-30 锅炉主控前馈逻辑

提高 K_1 和 K_3 值。

5. 给水控制方案及优化策略

超临界机组的锅炉没有汽包，因此给水控制非常重要，给水量的变化会对主蒸汽压力和负荷产生快速的影响。在升降负荷的前一阶段，负荷和压力的变化主要依靠给水量的变化。控制方式主要采用传统的 PID 控制，由于给水量的快速变化会产生一定的安全影响，所以没有设置前馈环节。PID 控制器的设定值主要是由 LDC 经过滤波产生的函数值，并且用背压函数修正。此外，还有锅炉主控和分离器出口压力的微分作为校正。

如图 3-31 所示，方框中用压力偏差和过热度对设定值进行优化。主蒸汽压力低于设定值时，可以适当提高给水控制的设定值来增加给水量，反之亦然。当主蒸

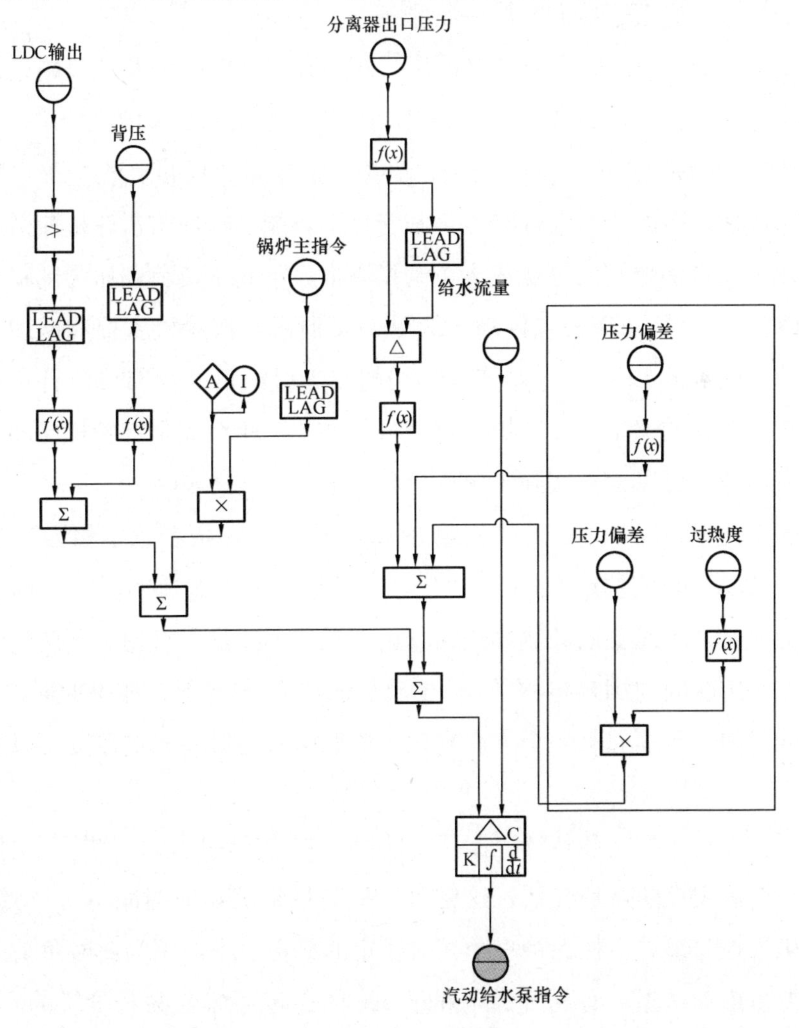

图 3-31　给水主控逻辑

汽压力低于压力设定值时，用过热度的函数修正给水。当负荷出现锯齿波动变化时，如果负荷增加，由于汽轮机调门的快速动作性，主蒸汽压力必然降低。此时若有较高的过热度，可以适当增加给水的设定值，以水来提高压力，因为煤量调节比较缓慢。如果负荷升上去之后又下降，此时压力并不会很高，而且压力必然有升高的趋势，不用继续增加给水来调节压力，虽然有一定的过热度，但此时过热度修正不起作用，避免了给水量的波动，这样对机组的 K_p 值很有利。

6. 负荷控制中心的指令分层优化

在一般的机组负荷中心控制方式中，电网 AGC 指令经过高限与低限的选择，成为最终的负荷目标值。经过负荷速率限制之后，变为机组的 LDC 指令，这个 LDC 指令是整个协调控制系统的中心决策指令，通过 LDC 控制锅炉主控与汽轮机主控，进而对各个底层子控制系统进行指挥。

在 BLR 模式下，AGC 指令频繁动作，并且大多是在一个基准线附近波动。这时汽轮机主控指令由于汽轮机调门的快速动作性，能够很好的跟踪 LDC 指令。锅炉主控由于接受的是同一个 LDC 指令，锅炉侧的煤量、风量、燃烧等也随之进行跟踪。由于锅炉燃烧的滞后惯性特点，其变化不可能迅速地与汽轮机相适应，这就在一定程度上使得锅炉侧的燃烧成为了干扰因素，不利于负荷和压力的稳定。

对 LDC 指令进行速率分层控制，如图 3-32 所示，汽轮机主控和锅炉主控分别接受不同速率限制的 LDC 指令，充分利用超临界机组负荷响应快的特点。汽轮机主控获得一个较高的速率，而锅炉主控通过另外一个相对满足汽轮机侧的速率随之变化，两者的速率可以根据实际工况进行自动选择。

具体速率选择情况如下：①当机组在 BLO 模式时，两者速率相当。②在 BLR 模式，如果 AGC 围绕基准指令上下变化时，汽轮机主控的速率要大于锅炉主控的速率，因为此时并不需要锅炉侧燃烧的真正加强，单独依靠汽轮机侧调门的流量特性就能够在一定时间内满足电网 AGC 要求。③BLR 方式下，如果此时 AGC 指令在一段时间段内，持续向某一个方向变化，依靠压力的偏差和过热度可以达到调节目的。

将负荷分为初始控制和持续控制两个阶段，初始控制阶段，汽轮机主控的选择速率较高，锅炉主控的速率较低，这样可以提高机组的响应时间 K_3。持续控制阶段，汽轮机主控与锅炉主控保持一个相对稳定的平衡速率，因为此时负荷后半程变化任务主要由锅炉承担，有利于调节精度 K_2 的稳定。综合两个阶段的不同速率，可以增加机组的调节速率 K_1。

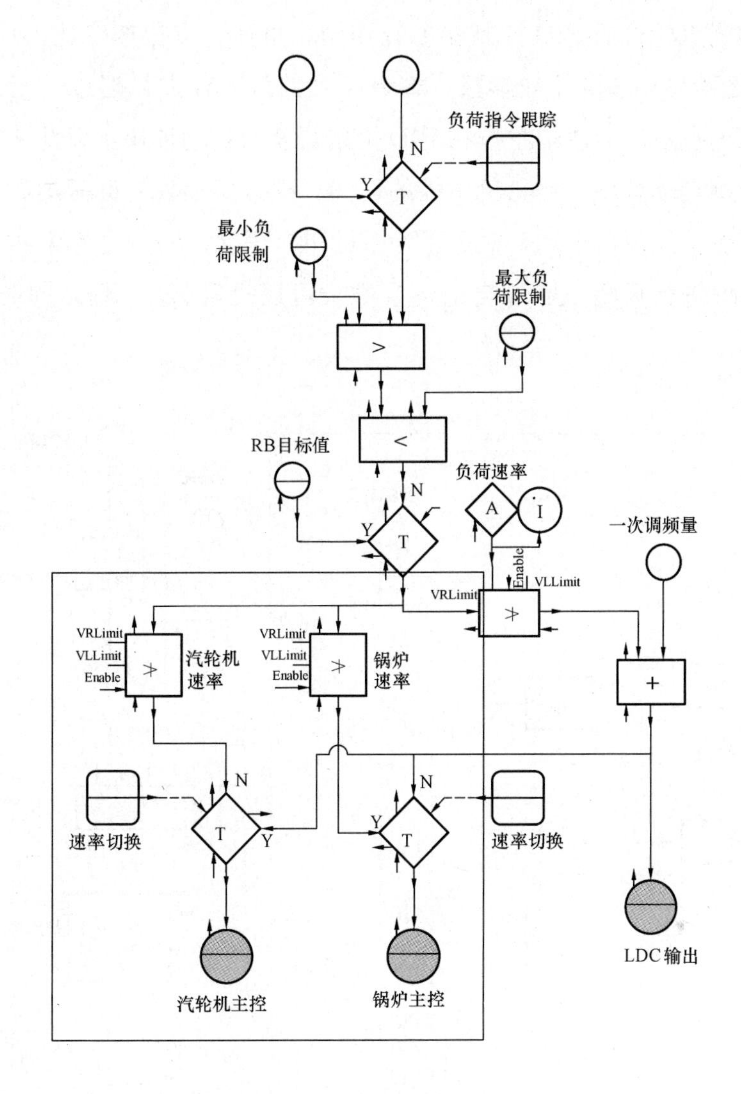

图 3-32　指令分层优化逻辑

7. 汽轮机主控与锅炉主控的参数自适应优化

机组负荷调节在 BLO 和 BLR 模式下，汽轮机主控和锅炉主控如果采用固定 PID 控制器参数，机组负荷稳定情况下对其调节性能没有影响。在机组处在负荷变工况时，其调节性能就会受到影响，表现在比例和积分参数不能很好地适应工况的变化。运行表现为机侧主控不能快速响应负荷变化速度，不能很好地利用锅炉的蓄热能力来升负荷，炉侧不能快速地增、减热负荷，压力变化幅度大，对机组负荷的升、降产生影响。

汽轮机主控和锅炉主控采用 PID 控制器自适应方案，如图 3-33 与图 3-34 所示。在负荷变化阶段，如果当前的压力满足负荷变化要求，在 1MPa 内且过热度合适，则加强汽轮机的PID控制器参数作用，负荷可以快速变化，可以提高K_1和K_3，反之则自动选取保守参数；如果压力的偏差较大，超过一定的范围，一般在1.5MPa左右，则锅炉主控的PID控制器参数自动加快，以此来满足压力的变化，反之则自动减小。汽轮机主控的比例、积分变参数为负荷函数，可以更好地根据高、中、低负荷选取，避免了参数的单一固化。锅炉主控为实际压力的函数，便于随时进行调整。通过自适应参数，可以提高K_1、K_3，同时有利于K_p的增加。

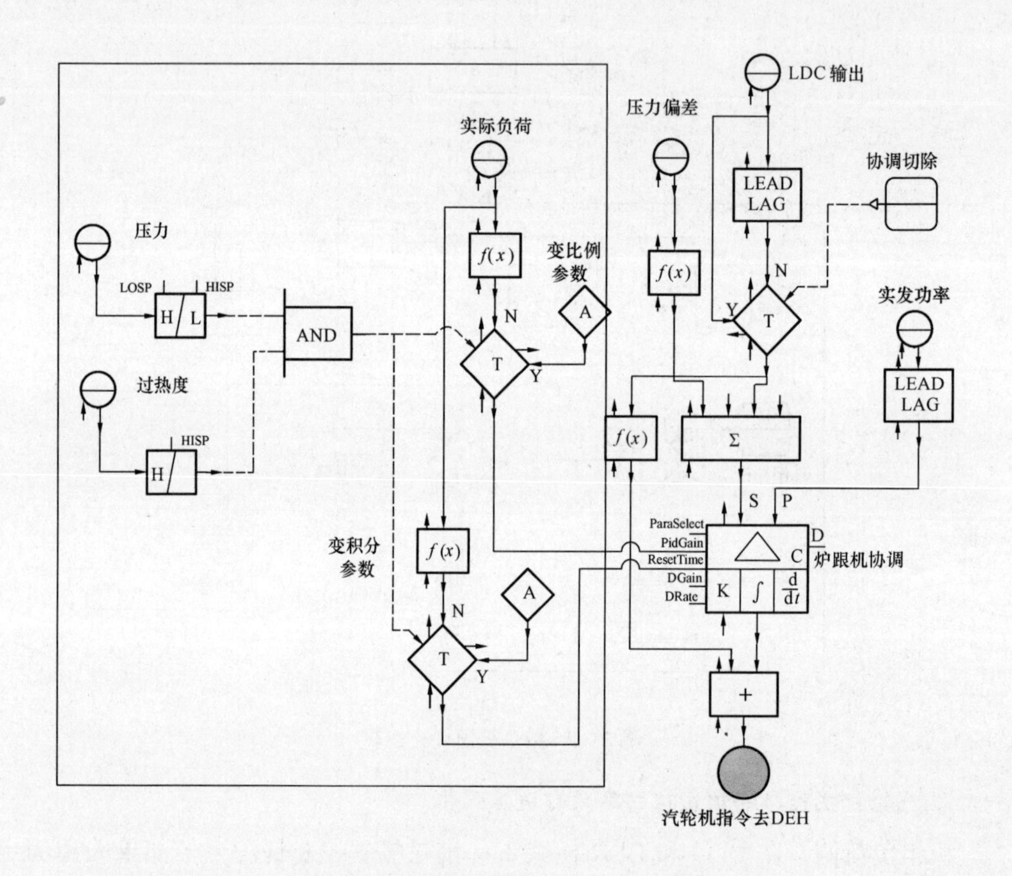

图3-33　汽轮机主控自适应优化逻辑

8. 汽轮机主控与锅炉主控的超前加速优化

在负荷变化过程中，为了及时补充蓄热，除了参数的自适应变化，需要对汽轮机主控与锅炉主控的输出值进行超前动作，如图3-35所示。

当AGC指令阶跃变化时，为了提高响应时间K_3，需要让汽轮机调门动作一个与AGC指令变化幅度相一致的梯形量。初始阶段时，汽轮机调门的动作幅值与AGC指令的变化相符合，可以使得负荷快速变化，达到提高K_3值的目的。当负

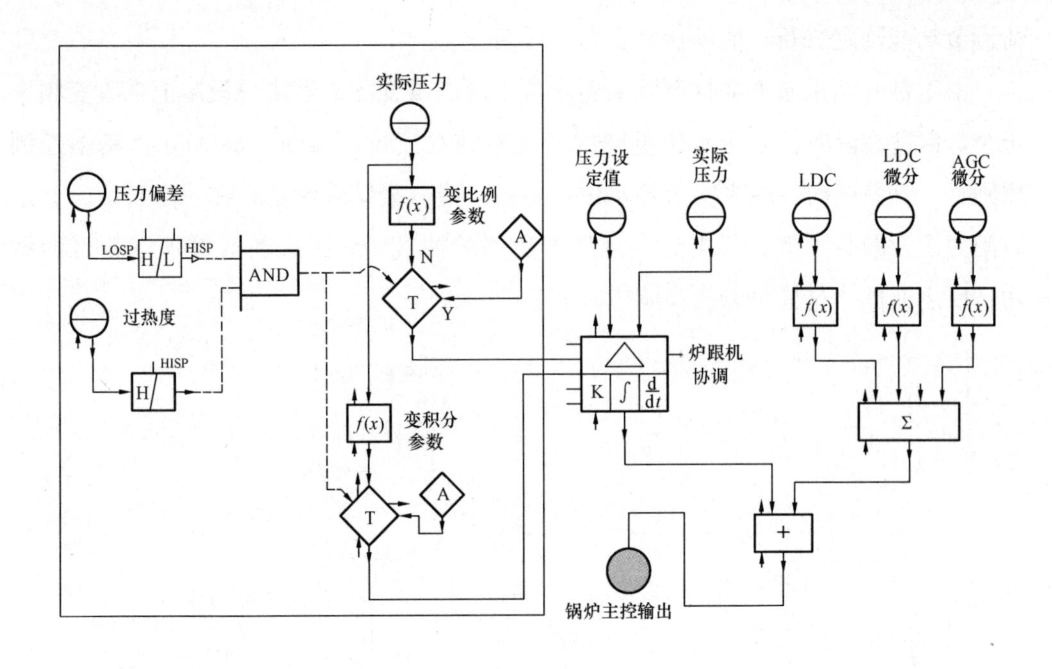

图 3-34　锅炉主控自适应优化逻辑

荷处于持续控制阶段时，随着负荷变化的进一步深入，汽轮机主控 PID 控制器参数的作用逐渐加强，这时的超前动作值逐渐减小，不会使负荷的变化过于剧烈，避免了振荡。

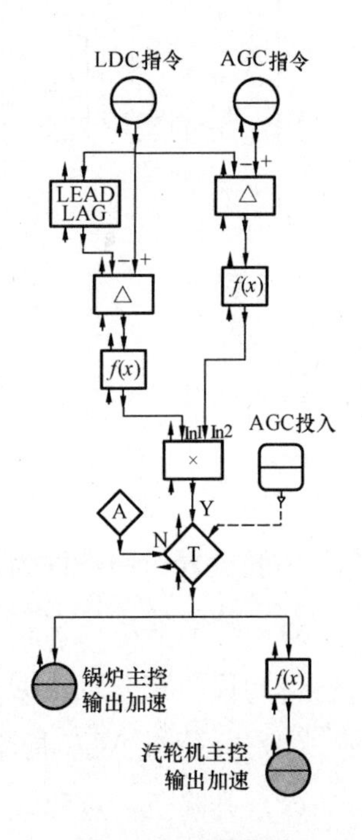

图 3-35　超前加速优化逻辑

对锅炉主控的前馈进行适量的超调，特别是由于当前机组的燃烧煤质偏离了设计值，或者小于设计值，造成了负荷变化初始阶段，锅炉燃烧不能快速的响应。虽然其 PID 控制器的参数作用可以较强，但仍然是一个逐渐的变化过程。依靠超前加速环节，锅炉主控输出的初始增加量可以根据当前的实际负荷指令通过函数合理选择，具有了自动选择的功能。初始变化结束后，其动作量逐渐减小，可以与汽轮机侧的变化相适应，这样有利于提高调节精度 K_2 值。

9. 凝结水节流优化

凝结水流量变化越大，负荷短时变化量也越大，凝结水量变化越小，负荷短时变化量也越小，凝结水流量变化的越快，负荷响应的速度也越快。负荷变化初期，凝结水节流的初始功效先发挥，接着锅炉、汽轮机对负荷调节功能随之进行，能够保持负荷平稳变化。

由于是凝结水泵变频控制除氧器水位，所以改变除氧器水位设定值来改变频率指令，以此在除氧器安全水位范围内变化凝结水流量，如图 3-36 所示。基本控制原则是：升负荷时，减少除氧器水位设定值，降低凝结水流量，在一定程度、一定时间内短暂减少了汽轮机去各个低压加热器的抽气量，可以暂时增加汽轮机的做功；反之亦然。这样可以提高响应时间。

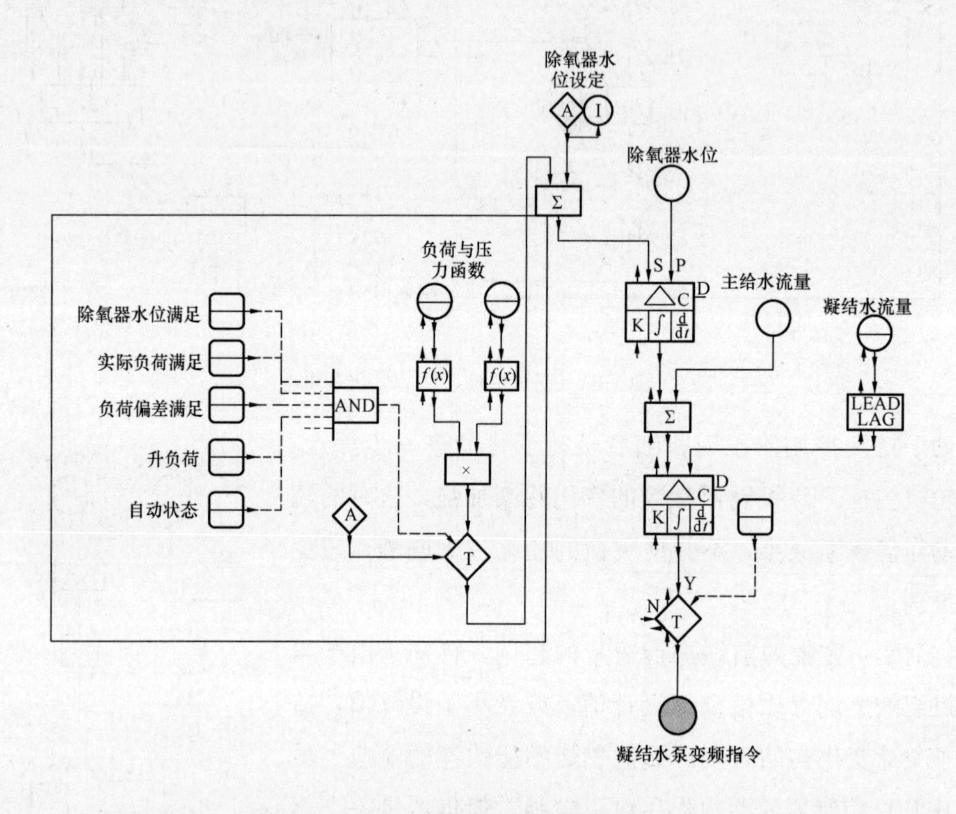

图 3-36　凝结水节流优化逻辑

一般设置作用条件为：

（1）除氧器水位在安全范围内。

（2）负荷在一定范围。

（3）负荷与 AGC 指令在一定范围。

（4）升降负荷过程。

（5）凝结水泵处于自动。凝结水节流技术只能够短时间内解决负荷初期的响应，在一定程度上可以提高 K_3 值。

10. 磨煤机冷、热风门性能改善

磨煤机控制系统中，热风挡板控制入口一次风流量，冷风挡板控制出口风粉混

合物温度，两者之间的耦合程度比较高。冷、热风挡板都是采用煤量信号的函数作为前馈，能较快响应负荷变化。入口一次风流量以煤量函数作为设定值，可以人为干预，出口风粉混合物温度直接由人为设定。

如图 3-37 所示，将出口风粉混合物温度的微分作为冷风挡板的前馈，能较快地响应温度变化，同时，冷风挡板的控制指令通过一个反向函数作用到热风调节挡板。这是由于在一般升负荷刚刚开始的初级阶段，由于煤量增加，出口温度必然下降，冷风门随之关小，虽然煤量增加，由于热风挡板的 PID 控制器的不能快速动作，使得实际一次风流量相对减小，增加了燃烧的延迟。由于反向函数的作用，能在一定程度上弥补一次风量的不足，有利于磨煤机的实际出力。

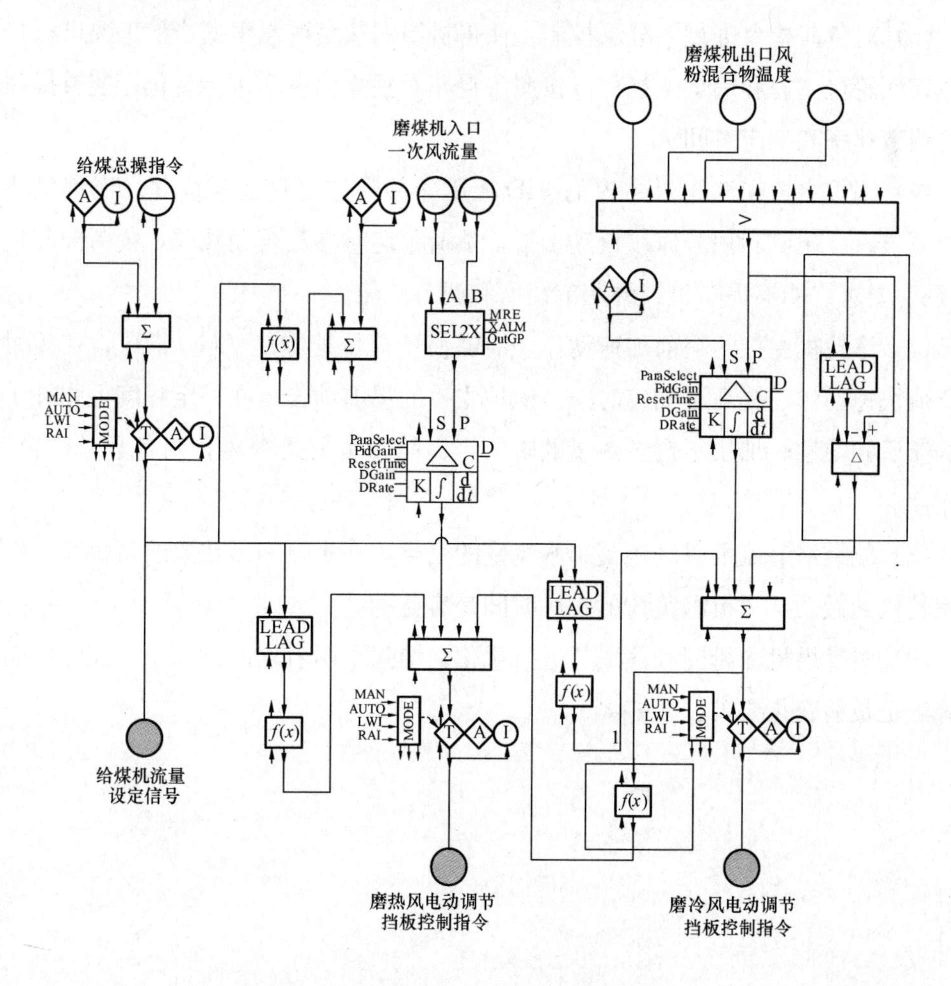

图 3-37 磨煤机冷风门与热风门优化逻辑

11. 直接空冷机组优化总结

（1）对负荷汽机主控回路进行优化。利用其快速性，使得实际负荷能够快速响应 AGC 的变化，提高了负荷的响应时间，负荷速率环节得到修正。当机组的综合工况改变时，能够适当提高机组的实际负荷速率。

(2) 压力设定值中引入了保持功能。有利于压力的稳定，提高了负荷的精度，水煤比和压力偏差的修正，有利于锅炉主控前馈的响应，在一定程度上提高了机组的 AGC 响应速率和响应时间。

(3) 在给水控制中利用压力和过热度的特点，一方面保障了压力的变化，另一方面避免了水量波动，提高了 AGC 的综合指标。

(4) 优化控制策略提高了机组的 AGC 综合性能指标，满足了华北电网的“两个细则”AGC 性能要求。

(5) 对负荷指令进行了分层控制，使得机组的速率可以根据当前工况进行自动选择，汽轮机主控和锅炉主控可以按照各自相对独立的速率进行变化，能够提高机组的调节速率和响应时间。

(6) 锅炉主控和汽轮机主控的 PID 控制器参数进行自适应优化。当满足快速变化要求时，比例和积分作用自动加强，负荷稳定时参数自动减弱，负荷控制达到“细调”要求，能够提高机组的调节精度和调节性能。

(7) 汽轮机主控的超前加速动作，能够使负荷快速响应 AGC 指令，在短时间能负荷快速动作，提高了响应时间。锅炉主控的提前动作，在一定程度上弥补了锅炉的滞后和惯性，加快了锅炉热量的转换，提高了负荷的精度，两者具有“粗调”的作用。

(8) 凝结水节流可以利用凝结水流量的变化，在短时间内快速改变负荷，提高了汽轮机的做功，对机组负荷的响应时间是有益的。

(9) 对磨煤机冷风门和热风门进行优化，增强了两者之间的联系，能够使制粉系统满足负荷变化要求。

直接空冷机组的调整及试验

第一节　空冷凝汽器热态冲洗

直接空冷机组在投运前空冷凝汽器系统管道、设备、部件内表面易产生锈蚀，且焊接连接后内部有残留的焊渣、尘垢、废弃遗留物等，因此，在安装和调试阶段，应对主排汽管道、蒸汽分配管道、换热器管束、凝结水收集管、凝结水管道、凝结水箱进行冲洗。清洗工作分为两个阶段：第一阶段为冷态清洗阶段，第二阶段为热态清洗阶段。冷态冲洗是对空冷管道和换热器进行人工清理和冲洗，目的是清除运输和安装过程中进入系统的砂粒、铁屑、焊条、焊瘤、锈皮等较大颗粒的杂质。空冷系统具有体积庞大、管线长、变径多等特点，新建机组即使进行了冷态冲洗，其内部仍会留存较多的小颗粒机械杂质（如铁锈、小沙粒），会对机组水汽品质造成严重污染，所以后续的热态冲洗是必不可少的。

一、冷态冲洗

整个直接空冷凝汽器的冲洗要坚持从上到下、及时排污的原则。内部冲洗包括排汽管、配汽管、换热管、凝结水管、凝结水收集管的清理和冲洗。

（1）对排汽管、配汽母管和配汽管进行人工冲洗和清理。由于排汽管和配汽母管、配汽管直径较大，要先在内部搭设架子，用电动钢丝刷对管壁进行彻底清理，再从上往下用高压水枪进行冲洗，将杂质冲到配汽母管和排汽管水平段，最后彻底清除排汽管、配汽母管和配汽管水平段所有颗粒杂质。清理配汽管时，不允许杂质进入换热管内。

（2）换热管的冲洗。用高压水枪对换热管进行逐一单根冲洗，并确保无遗漏。因换热管垂直管身的截面为扁长的椭圆形且长度稍长，在冲洗时要尽可能冲洗到全部内表面，管道下半段可能会冲洗不彻底，为避免该问题的发生，应用高压水枪在椭圆形两个远端往复运动冲洗。单根换热管冲洗时间要求至少达到 3～5min，确保每根管道的整个内表面都被冲洗到。

(3) 凝结水收集管的清理。凝结水收集管用于汇集各个换热单元冷凝下来的凝结水，并将凝结水引流至凝结水箱。收集管管径一般较小，管道水平段较多。以600 MW机组为例，1台600MW机组空冷系统凝结水管直径为600mm，单根管长96m，每个机组共16根管道。由于这部分管段管径太小，人无法进入清理，用小流量高压水枪进行冲洗效果不佳，所以要对凝结水收集管进行单独且大流量冲洗。将凝结水管出口端封闭，将收集管上的排污法兰打开，用大流量高速水流将收集管内部的污物冲出系统，冲洗至出水清澈、无大颗粒杂质为止。人工清理凝结水箱、热井时，可以先进行扫除，然后用海绵将泥水吸净，最后用面团粘除细小的机械微粒。

二、热态冲洗

1. 热态冲洗的要求

(1) 热态冲洗是空冷凝汽器调试第一阶段的一部分。经验显示蒸汽和凝结水温度越高，清洗效果越好。因此，建议通过汽轮机的旁路系统清洗空冷凝汽器散热器。压力维持在20～50kPa（绝对压力），相对应的温度为60～80℃。

(2) 锅炉调试完成后，当锅炉产生的蒸汽量达到汽轮机旁路要求的最大蒸汽量时，就可以进行空冷凝汽器的热冲洗。由于冲洗后的凝结水要排放到废水池，所以应该补充大量的除盐水，除盐水可通过凝结水箱上部的临时管线补水，补水量应该够满足连续的几次热冲洗。

(3) 为了能够及时冲走悬浮物，提高清理效果，要求通过联箱和管道的蒸汽和凝结水流速必须高，至少要达到228kg/s。平常的蒸汽负荷在整个空冷凝汽器中同时取得228kg/s蒸汽流速是不可能的，为了能使蒸汽产生很高流速，冲洗排的风机组包括逆流区风机必须以全速转动，相邻排顺流风机停止或逆流风机反转，保证冲洗排的温度高于空冷凝汽器周围的环境温度（环境温度低时，进行空冷凝汽器的热冲洗也有效)。该方法能够提高流速，实践证明，按顺序对空冷凝汽器的所有单元进行这样的热冲洗，能保证整个的冷凝器冲洗干净。

(4) 冲洗过程必须是有顺序地逐排进行冲洗。冲洗至哪一排，该排的风机应转动，其他排的风机则停止，或其他排的1～2个逆流风机反转来维持压力，压力维持在20～50kPa（绝对压力)。在整个的冲洗过程中，每个风机应以5min为周期转动1个或几个周期，在环境温度低时，可能只有一个风机在转动。反之，温度高

时，风机可能以 2～3 个为一组同时启动。

2. 热态冲洗采取的临时系统

（1）空冷凝结水管道应该在进入凝结水收集箱前断开，并接临时管道外排。带有污垢的凝结水必须放干净，不得进入凝结水循环系统。冲洗过程中系统补水采用化学除盐水。

（2）正常运行的空冷系统中，进入凝结水收集箱的凝结水管道有 3 支，1 支管径为 700mm，另外 2 支管径为 300mm。为便于实施空冷系统冲洗，将收集凝结水的临时管道分别与上述 3 个管道相接，临时管道管径为 426mm，连接位置应设置在距离凝结水箱上部 10m 左右处。

（3）空冷装置的凝结水管路处于负压区，因此空冷凝结水管道不能直接外排以免引起凝结水系统真空下降，为此需配备一个废水收集箱，放水管路必须浸入到废水收集箱的水面以下。凝汽器处于真空状态，废水收集箱中的废水会充入到放水管路内引起水位下降，因此废水收集箱应该具备补水系统。另外废水收集箱上部应设有溢流排放管，排放管接至雨水井中。废水收集箱下部应设有底部排放管，管道直径为 377mm，管道上加装手动截止门，排放管接至雨水井中。热态冲洗装置临时系统见图 4-1。

3. 现场热态清洗的条件

（1）有足够的除盐水（所有除盐水的水箱都充满）。

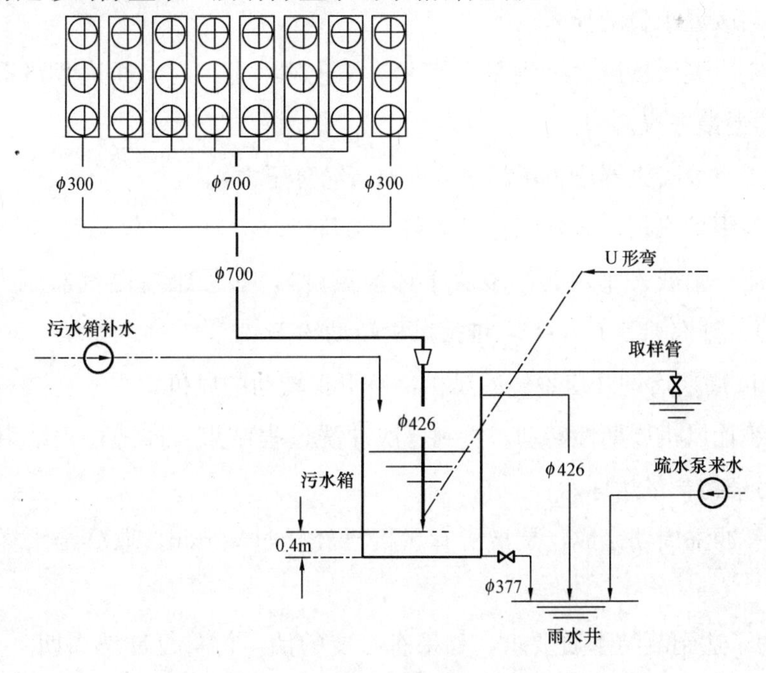

图 4-1　冲洗装置临时系统

(2) 临时凝结水管线带气压柱，装好相关的必要的设备，废水池中充入一定的水。

(3) 疏送泵及相关系统具备启动条件。

(4) 空冷凝汽器压力监视系统正常。

(5) 主机凝结水系统具备投入条件。

(6) 旁路喷水控制系统必须在自动位置。

(7) 抽真空系统具备投入条件。

(8) 所有电动门及调整门单体传动正常。

(9) 空冷凝汽器所有的风机具备启动条件。

(10) 风机具备就地或远方控制切换条件。

(11) 锅炉及其相关的系统具备启动条件。

(12) 汽轮机靠盘车装置自转，所有相关系统具备投入条件。如供油系统、疏水系统、轴封系统等。

4. 在不同背压情况下的冲洗步骤

(1) 环境温度0℃以上，汽轮机背压约为50kPa（绝对压力）时，排汽温度为80℃，空冷凝汽器进行热态冲洗。

1) 启动3台真空泵。

2) 旁路减温水自动投入。

3) 当空冷凝汽器压力减到至少15kPa（绝对压力）时，通过旁路系统开始给空冷凝汽器慢慢进汽。

4) 注意空冷凝汽器压力不超过60kPa（绝对压力）。

5) 调整锅炉汽量，达到汽轮机旁路全部负荷。

6) 开启一个或多个风机（取决于环境温度），必须维持凝汽器压力为50kPa（绝对压力），排汽温度为80℃，维持风机转动约5min。

7) 5min周期后，开启不转的风机，停下正转动的风机。

8) 连续让风机周期性转动，直到一次冲洗过程结束。冲洗过程结束是指排放的凝结水污染物含量达标。

9) 第一冲洗周期完成，是指所有风机已经转过10min，取凝结水样，分析悬浮物含量。

10) 为了达到凝结水质要求，如果有必要的话，再重复冲洗周期。一般来说，悬浮物含量大约达到10×10^{-6}，还有进一步降低的趋势，就可以考虑冲洗结束。

11）在其他排散热器重复该冲洗过程。空冷凝汽器热冲洗结束后，减少蒸汽量，转动风机进行冷却，尽可能保持空冷凝汽器压力为50kPa（绝对压力时）。随着蒸汽流量的减少，真空会越来越好。

12）旁路门关闭，停止进汽，停所有风机。

（2）环境温度为0℃以下，汽轮机背压约为20kPa（绝对压力），排汽温度为60℃时进行的热冲洗，为了减少第一次进汽时空冷凝汽器的冷却面积，蒸汽分配管上的蝶阀后处于关闭状态。

1）启动3台真空泵。

2）旁路减温水系统处于自动方式。

3）当空冷凝汽器的压力降到至少15kPa（绝对压力）时，通过旁路系统开始给空冷凝汽器缓慢进汽。

4）注意空冷凝汽器压力不超过60kPa（绝对压力）。

5）调整锅炉汽量，达到汽轮机旁路全部负荷。

6）开启一个或多个风机（取决于环境温度），必须维持凝汽器压力为20kPa（绝对压力），排汽温度为60℃，维持风机转动约5min。

7）5min周期后，开启不转的风机，停下转动的风机。

8）连续让风机周期性转动，直到一次冲洗过程结束。冲洗过程结束是指没有除盐水或是排放的凝结水污染物含量达标。

9）为了充分利用热冲洗过程中风机区域的热空气，建议相邻排散热器启动反转，利用排出的热量使空冷凝汽器保持在很高的温度状态。热冲洗适宜从第2～7排，第1排和第8排由蝶阀封住。

注意反转风机电动机的温度，温度超过40℃时应停止转动。温度可以从风机电动机本身或凝结水温度中监测到。

10）第一清洗周期完成，是指所有风机已经转过10min，取凝结水样，分析悬浮物含量。

11）为了达到凝结水质要求，如果有必要的话重复冲洗周期。一般来说，悬浮物含量大约达到10×10^{-6}，还有进一步降低的趋势，就可以考虑冲洗结束。

12）在其他排散热器重复此冲洗过程。

13）空冷凝汽器全部热冲洗结束后，减少蒸汽量，转动风机进行冷却，尽可能保持空冷凝汽器压力为20kPa（绝对压力）。随着蒸汽流量的减少，真空会越来越好。旁路门关闭，停止进汽，停下所有风机。

热冲洗结束后，在热冲洗中使用过的仪表应该进行清理。因为测量线上很可能有污染物，会造成仪表失灵。热冲洗结束后，拆掉临时设备。必须检查去凝结水的抽真空管线上的滤网和疏送泵，在封闭循环汽轮机旁路操作完成前，完成热洗过程后，如有必要应清理掉已经沉淀和沾污在真空滤网上的悬浮物。建议空冷凝汽器热冲洗后，进行短暂停机，排空凝结水箱进行清理，这样凝结水就可以达到足够干净。

5. 热态清洗注意事项

(1) 热态清洗前要对全厂的排水系统进行畅通试验。一般方法是把凝结水箱补满水，启动凝结水泵，全开凝结水系统放水，进行大流量试验。只有排水系统确认畅通后，才可进行热态清洗。

(2) 热态清洗前要调试好高、低压旁路及减温水阀门，了解高、低压旁路及减温水阀门的动作条件。为了提高清洗效率和检查汽轮机轴系运行情况，一般热态清洗都采用汽轮机进汽和低压旁路开启，同时向空冷系统进汽的方法。低压旁路的开启不仅要考虑主、再热蒸汽的压力，保证汽轮机的进汽，还要密切注意低压旁路后的温度，随时检查减温水的情况，防止减温水量的变化反过来影响低压旁路的开度。要保证低压旁路减温水的压力、流量。低压旁路减温水量的不足会导致低压旁路的蒸汽温度迅速上升保护动作关闭低压旁路后，会造成热清洗流量不足和主蒸汽、再热蒸汽的参数的异常。如果是冬季清洗，会造成空冷系统的冻结。

(3) 热态清洗如果空冷系统回水直接经凝结水箱排出，很容易出现排汽装置水位高，凝结水箱水位低的情况。原因是：①二、三级减温水流量大，直接排入排汽装置；②空冷系统的回水脏污，造成回凝结水箱的滤网堵塞水不能正常回到凝结水箱。除盐水向凝结水箱的补水达到极限后也无法维持系统的正常运行。所以热态清洗要控制好二、三级减温水的流量，遵循二、三级减温后的蒸汽靠近上限的原则，这样即可以减少减温水的流量，也可以提高清洗效率。同时热态清洗过程中要时刻检查空冷系统回水至凝结水箱的滤网是否堵塞，发现流量异常要及时切换到旁路系统，进行清理。滤网堵塞不仅会导致凝结水箱水位低，而且会造成空冷系统积水，风机加速但真空仍持续下降。严重时会造成空冷凝汽器及排汽管道汽水冲击、空冷系统过负荷、热应力过大、空冷散热器及其管道永久变型等设备损坏，冬季清洗会造成空冷散热器大面积冻结的严重后果。

(4) 为了提高热态清洗的效率，一般空冷岛清洗都采用分列进行的原则。由于流动工质的不洁净，各列蒸汽分配阀的频繁开、关，很容易造成卡涩和关闭不严密。在夏季清洗时，可以不关蒸汽分配阀，提高清洗列的风机转速，停止其他列的风机或者降低转速，局部提高清洗列的负压，利用压降增加清洗列的蒸汽流量。在冬季清洗也可以尽量减少蒸汽分配阀的开、关。缩短清洗列的时间，频繁切换清洗列，在未结冰时二次进汽，可以有效防止散热器的冻结。

（5）热态清洗过程中要注意空冷回水管道的振动。振动的主要原因是：①回水流量小、流速快冲击管道引起管道振动。消除方法是关小回水到凝结水箱的阀门，适当增加管道内流量。②空冷各列回水温差大，在集管内冷、热水冲击引起管道振动。消除方法是调整风机转速减少温差，消除振动。

第二节　空冷凝汽器气密性试验

由于直接空冷机组真空系统比较庞大，在运输及安装焊接过程中容易出现破损处导致机组投产后漏真空。为了保证投产后真空系统在最佳的工况下运行，保证机组的安全性、经济性、稳定性，新安装的机组在空冷凝汽器的真空系统安装完成后，必须实施气密性试验，以保证直接空冷凝汽器的严密性合乎规定的要求。

一、直接空冷机组真空系统的组成

（1）汽轮机及其辅机的真空系统。

（2）空冷凝汽器及其辅机的真空系统。

二、气密性试验方法

试验时尽可能多地将直接空冷系统负压区封闭，试验范围也应尽可能大。将汽轮机排汽管加装隔离堵板，将凝汽器凝结水回水管加装隔离堵板（应加至凝结水箱入口处），相连接的系统必须密封，如防爆门必须拆卸，接口必须用堵头密封，封闭的负压系统安装两块量程为0～1.0MPa压力表。采用不含油和水的空气压缩机，空气压缩机应配有安全阀，安全阀应具备完全卸载空气压缩机在气密性试验压力下的能力，升压速度控制在0.01MPa/min，以防超压。系统压力升到0.15MPa对系统的法兰、焊缝进行检查，发现漏点立即进行处理。确认无泄漏点后继续升压至0.3MPa关闭阀门，将空气压缩机和受压系统隔离。

三、气密性试验系统范围

（1）排汽管道，包括汽轮机蒸汽配汽管道。

（2）空冷凝汽器热交换器管束。

（3）尽可能多的连接管道（凝结水、抽汽管道）。

（4）尽可能多的容器（真空疏水、凝结水）。

（5）所有与排气管道、汽轮机系统、空冷凝汽器真空系统相连的管道和接口。

四、检漏程序及检漏方法

（1）当风压达到试验压力时，对系统进行全面检查，看各部件是否有裂纹、泄漏、变形等现象。

（2）泄漏检查采用肥皂气泡法。用刷子涂肥皂液，若有泄漏会有气泡出现。为了防止肥皂水冻结，采用了防冻液加洗洁净的防冻方法。

（3）试验过程中如发现泄漏，对泄漏处应做出记号标志，在系统泄压后方可进行缺陷处理，待处理完缺陷可再次进行试验。

五、结论

在恒温下，在试验期间内（通常 6～24h）压力应没有明显的衰减，如果压降不超过 0.01MPa/24h，则气密性试验视为合格。

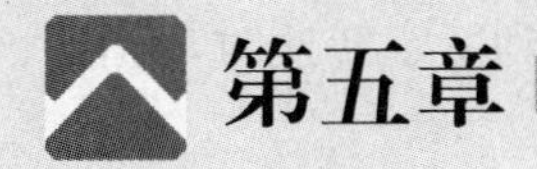

第五章

直接空冷机组的启动

第一节　汽 轮 机 启 动

汽轮机转子从静止状态加速至额定转速，并将机组负荷逐步地加到额定值的过程称为汽轮机的启动。汽轮机的启动过程是蒸汽向金属传递热量的复杂换热过程。在启动过程中，汽轮机各金属部件将受到蒸汽的加热。冷态启动时，金属部件从室温和当地大气压的状态转变到与汽轮机额定蒸汽压力和温度相对应额定功率状态。研究汽轮机的合理启动方式，就是研究汽轮机合理的加热方式。合理的加热方式就是在汽轮机各部件金属温度差、转子与汽缸的相对膨胀差在允许范围内，不发生异常振动，不引起摩擦和热应力过大的条件下，以尽可能短的时间完成汽轮机启动的方式。

一、汽轮机启动方式分类

1. 按新蒸汽参数分类

根据启动时采用的新蒸汽参数不同可分为以下两类。

（1）额定参数启动。整个启动过程中，汽轮机从冲转到机组带额定负荷，电动主闸门前的蒸汽参数（压力、温度）始终保持额定值。额定参数启动的缺点有：①冲转时蒸汽流过调节阀受到节流，经济性差；②调节级后蒸汽温度变化剧烈；③冲转流量少，各部分加热不均匀。现代大型汽轮机已不再采用这种启动方式。

（2）滑参数启动。启动过程中，电动主闸门前的蒸汽参数随机组转速和负荷的变化而逐渐升高。滑参数启动对喷嘴配汽的汽轮机而言，定速后调节阀门保持全开位置，不仅避免了启动时蒸汽在调节阀中的节流损失，而且调节级后面圆周方向的加热均匀，蒸汽与金属部件之间的温差较小。在现代大机组启动中得到了广泛的应用。根据冲转前主汽门前的压力大小，滑参数启动又可分为以下两类。

1）压力法启动。冲转前主汽门前蒸汽具有一定的压力和温度，在冲转和升速过程中逐渐开大调速汽门，利用调速汽门控制转速，待机组达到额定转速时，调速汽门全开。

2）真空法启动。锅炉点火前，从锅炉到汽轮机调节级喷嘴前所有的阀门（包括电动主闸门、自动主汽门、调速汽门）全部开启，汽机抽真空后整台汽轮机和锅炉汽包都处于真空状态。锅炉点火后，产生一定量的蒸汽冲动转子，此时主汽门前仍保持真空状态。随后汽轮机升速和带负荷，全部由锅炉来控制。

2. 按冲转时进汽方式分类

(1) 高压缸冲转启动。机组冲转启动时，高、低压旁路阀关闭，中压主汽阀和调节阀全开，用高压主汽阀和调节阀控制进汽冲转、升速、并网、带负荷。这种启动方式在机组冲转前，再热器无蒸汽流过，处于“干烧”状态，且冲转时再热器会受到冷冲击，要求再热器管束采用允许干烧的材料。另外，这种启动方式，在热态启动时难以保证再热蒸汽温度与中压缸金属温度匹配。

(2) 高、中压缸同时进汽冲转启动。机组启动时，由高压主汽阀控制高压缸进汽，中压调节阀控制中压缸进汽冲动转子、升速，转速达2850～2950r/min时，高压缸进汽由主汽阀切换为高压调节阀控制。升速至3000r/min后并网、带负荷。这种启动方式要求配置高、低压两级串联旁路，启动时，蒸汽同时进入高中压缸冲动转子。对高中压合缸的机组，可以使分缸处均匀加热，减少热应力，并能缩短启动时间。

(3) 中压缸启动。冲转时，高压缸不进汽冲动转子，待转速升至2300～2500r/min后，高压缸才进汽。中压缸启动是汽轮机启动时，利用高、低压旁路系统，先从中压缸进汽启动后切换为高、中压缸联合运行的启动方式，目的是加快中压缸暖机，缩短启动时间。

3. 按控制进汽流量的阀门分类

(1) 用调速汽门启动。启动时电动主闸门和自动主汽门全部开启，进入汽轮机的蒸汽流量由调速汽门来控制。

(2) 用自动主汽门和电动主闸门（或旁路门）启动。启动前，调速汽门全开，进入汽轮机的蒸汽流量由自动主汽门和电动主闸门（或旁路门）来控制。

4. 按启动前汽轮机金属温度（汽轮机汽缸或转子表面温度）分类

(1) 冷态启动。汽轮机金属温度低于120～150℃以下称为冷态启动。

(2) 温态启动。汽轮机金属温度在150～350℃之间称为温态启动。

(3) 热态启动。汽轮机金属温度在350℃以上，称为热态启动。有时热态又分为热态（350～450℃）和极热态（450℃以上）。

二、冷态滑参数启动

（一）启动条件的确定

1. 冷态启动冲转参数的选择

采用滑参数进行冷态启动时，汽轮机零部件中所产生的热应力比额定参数启动要小，但启动中不稳定传热过程还是相当复杂的。

蒸汽进入汽缸与汽缸内壁和转子表面接触，将热量首先传给接触部位，汽缸外壁和转子中心只有经过一段时间的传热过程才能随着内壁和转子表面的温升而升温。因此，在整个启动的不稳态过程中，汽缸内外壁之间和转子的半径方向上出现了温差，结果是使金属产生热应力和热变形。以汽缸受热为例，冷态启动时，一定压力的过热蒸汽接触冷的汽缸内壁，以凝结放热的形式将热量传给金属，蒸汽在汽缸内壁上凝结成水，放出汽化潜热。这时由于凝结放热系数很高，所以加热开始的瞬间，汽缸内壁（主要是调节级前的蒸汽室）温度很快达到进入汽轮机内的蒸汽压力下的饱和温度。这时的传热温差大致可看作是该蒸汽的饱和温度之差。启动时所选择的蒸汽压力越高，这一温差越大。这种启动方式虽然可使金属升温速度快但产生过大的热冲击也很大。在蒸汽开始凝结后，内壁面上形成一层水膜，水膜会使放热系数减小，使金属壁继续加热得以缓和。蒸汽的凝结放热阶段结束后，随着暖机的进行，蒸汽以对流的方式向金属放热，蒸汽对流放热系数比凝结系数低得多，在一般的蒸汽流速范围内，流速相同时，高压蒸汽和湿蒸汽的放热系数较大，低压微过热蒸汽的放热系数较小。放热系数大，则表示单位时间内传给金属单位面积的热量大，因而使接触表面的温升速度大，引起汽缸内外壁的温差就大，反之则传给金属表面的热量就小，引起汽缸内外壁之间的温差就小。因此，冷态启动时，采用低压微过热蒸汽冲动汽轮机将更有利于汽轮机部件的加热。

进行汽轮机启动操作时，若蒸汽压力能满足通过临界转速，可达全速的要求。如果满足全速的要求，在汽轮机启动过程中，就不必要求锅炉进行调整，也不需要调整旁路系统，可以简化操作。对于600MW汽轮机组，冲转的蒸汽压力约为4.0MPa、过热度大于或等于100℃。

目前有些再热机组对冷态启动时中压缸前的再热蒸汽温度没有要求，主要考虑再热器蒸汽压力较低，一般是负压，容易保证过热度。事实上由于高、低压旁路减压门开度不一致，若低压旁路开得小，或为了避免再热系统有漏空气现象影响真空，往往使再热蒸汽建立正压。在相同的温度下，压力提高后，过热度会减小甚至带水。启动过程中，中压缸一旦进水，轴向推力就会增大，导致机组振动等异常情况而被迫停机。

2. 凝汽器真空的规定

凝汽式汽轮机启动时，都要求建立必要的真空，因为凝汽器的真空对启动过程有很大影响。启动中汽缸内要维持一定的真空，可使缸内气体密度减小，转子转动时与气体摩擦的鼓风损失也减小，另一方面汽缸内保持一定的真空，可增大进汽做功的能力，减少汽耗量，并使低压缸排汽温度降低。在冲动转子的瞬间，大量蒸汽进入汽轮机内，真空将有不同程度的降低。如果启动时真空太低，冲转时可能使凝汽器内产生正压，甚至可能引起排大气安全门动作或排汽室温度过高。

汽轮机启动时真空也不需要太高，在其他冲转条件都具备时，若真空过高，则会延长暖机时间。一般要求冲转前的真空应大于 70kPa。对于直接空冷机组而言，冬季启动时真空太高也不利于空冷凝汽器的防冻。

3. 大轴晃动

大轴晃动度，不仅要监视晃动绝对值，而且还要注意晃动相对值，以大修后冷态测得的值为基数，进行比较。对于每类机组，由于晃动表的安装部位不同，所规定的极限值也不同。当机组大轴弯曲大于规定值时，就禁止汽轮机启动。

冷态启动前，汽缸和转子温度比较低，即使停机后转子产生了轻微的热弯曲，这时也基本趋于平直。

4. 油压、油温的控制

为保证可靠的轴承润滑，使轴承中能形成良好的油膜，润滑油压应达到 0.096～0.124MPa，油温应保持在 40～45℃。

（二）启动冲转升速

机组的启动包括启动前的准备、锅炉点火前后工作、冲转、升速暖机、并列接带负荷等几个阶段。

1. 启动前的准备

启动前的准备工作就是要尽量消除设备投入运行时发生故障的可能性，全部热控设备调校正常，并按规定投入，锅炉及电气设备具备启动条件。汽轮机启动前的准备工作是安全启动和缩短启动时间的重要保证。准备工作完成后应使各种设备处于预备状态，以便随时可以投入运行。这就要求启动前应对各系统进行全面而详细地检查，发现设备缺陷及时予以处理。对电动阀门应进行手动或电动开关试验，主

要转动设备应该提前试转并进行连动试验。

汽轮机遇到下列情况，应采取措施设法消除，否则禁止汽轮机启动和投入运行。

（1）任一停机保护失灵。

（2）调速系统不能维持空转，机组甩负荷后不能维持转速在危急保安器动作转速以下。

（3）任一主汽门、调速汽门卡涩或关闭不严。

（4）抽汽止回门失常。

（5）油系统（包括抗燃油）故障，或顶轴盘车装置失常。

（6）主要仪表（转速、振动、轴向位移、相对膨胀、调速及润滑油压、冷油器出口温度、轴承回油温度，第一级后及中压进汽处缸壁温度、主蒸汽及再热汽压力、温度、凝汽器真空等）失灵，在集控室无法监控。

（7）主要调节及控制系统（除氧器水位、压力自动调节，旁路系统保护及自动调节，电动给水泵控制系统等）失灵。

（8）盘车时有清晰的金属摩擦声或盘车电流明显增大。

（9）偏心值大于规定值。

（10）油质不合格。

（11）保温不完整不合格。

（12）高、中压外缸上、下壁温差大于50℃（中压缸进汽部分）或高压内缸上、下壁温差大于35℃。

2. 锅炉点火前的准备

（1）辅机循环冷却水系统投入运行。启动闭式循环水泵，投入闭式循环水及冷却水系统；启动开式循环水泵，投入开式循环水及冷却水系统。

（2）主机油循环及试验。油系统设备检查合格，油箱油位在上限，安装或大修后的油系统冲洗应在轴承入口处加装临时滤网，用交流润滑油泵冲洗合格后恢复系统。

启动排烟风机，维持油箱负压值在正常范围；启动交流油泵向系统供油，检查油泵出口油压正常，各轴承回油正常；启动直流润滑油泵，检查出口油压正常，停泵。向冷油器注满油，主油箱油位充油下降时，应补至规定位。投入直流油泵连锁开关，慢开交流油泵试验阀，进行直流油泵联动试验，并发出声光信号，关闭试验阀，投入直流油泵运行，停止交流泵运行，投入交流油泵连锁开关。慢开试验阀，进行交流油泵联动试验并发出声光信号，关闭试验阀，投入交流油泵，停止直流油泵运行，断开交流油泵联动开关并重新检查润滑油及系统工作情况。

（3）密封油系统投入。空氢侧交直流密封油泵联动试验正常。发电机内充氢压力至0.2～0.3MPa。

（4）抗燃油系统投入。抗燃油箱加油至油位上限，系统检查完好，启动抗燃油循环泵。一般该系统中备有蓄能器，以供各油动机紧急动作时所需的应急油量和备用泵投运的瞬间供油之用。当蓄能器油位达到上限时，“蓄能器油位高”信号发出，开启充气阀将蓄能器压力提高到上限值，关闭充气阀，2h内蓄能器油的压力和油位不应有明显下降，正常后将蓄能器内的压力降至规定值。蓄能器油位下降至规定值时，液动截止阀关闭，油位不再下降，其中压力不低于规定值。启动一台抗燃油泵出口压力正常后停泵全开出口门，启动另一台抗燃油泵，正常后全开出口门，投入备用泵联动开关做事故按钮和低油压试验，将储能器油位稳定在规定位置，恢复液动截止阀。

（5）投入盘车装置。先检查顶轴油泵入口润滑油系统的总油门及安全装置的排油门，确认油泵充满油，排净空气再启动顶轴油泵，各轴承的顶起高度按顶轴装置的规定值检查。空负荷试验盘车电动机转动方向正确后停止，将离合器操纵手柄推向啮合位置。启动盘车，记录盘车电流，测听声响，测大轴偏心率不大于规定值。

（6）定冷水水质合格，投入发电机定子冷却水系统。

（7）启动高压密封备用油泵，危急遮断器充油正常后，做调速系统静态试验。

（8）由热工人员配合进行旁路系统试验。

（9）凝结水系统。要进行凝汽器冲洗，合格后进行低加管路冲洗。冲洗合格后进行除氧器、低加联合冲洗。冲洗线路为：凝汽器→轴封加热器→低压加热器→除氧器→凝汽器→放水。

（10）冲洗合格后除氧器上水，至正常，并采用邻机联带辅汽系统对除氧器进行加热。

（11）除氧器水温加热至炉要求温度后，一般为20～70℃，启动给水泵同时给水系统冲洗与暖管。冲洗线路为：除氧器→高压加热器→给水管道→排入地沟。水质合格后投入高压加热器水侧，锅炉开始上水。

（12）当锅炉具备点火条件时启动真空泵，抽真空，通知锅炉点火。

（13）轴封系统投入，同时完成以下工作。

1）检查辅汽至轴封供汽电动门前供汽门，疏水门在开启位置。

2）开启轴封加热器水封筒注水门，待溢流管有水流出后，关闭注水门。

3）检查轴封加热器风机出口门开启，启动一台轴封加热器风机运行，检查一切正常后，开启轴封加热器风机入口门，将另一台轴封加热器风机投“自动”。

4）检查轴封减温水系统正常，将轴封减温水投“启动”。

5）开启轴封溢流站旁路门，开启辅汽至轴封阀门站出口总门，轴封母管暖管疏水。

6）暖管10min后，关闭轴封溢流站旁路门，汽轮机轴封送汽，调整轴封压力为0.021～0.031MPa，低压轴封供汽温度为121～176℃，并密切监视盘车运行情况。

7）使用汽动给水泵的机组，给水泵汽轮机轴封母管暖管备用。

（14）真空达到50kPa以上，全开高压自动主汽门前疏水门、高压缸排汽止回门前、后疏水门，全开中主门前疏水门，高、中压导汽管、汽室各段抽汽止回门前疏水门。

（15）高、低压旁路的运行。具有旁路系统的汽轮发电机组在锅炉点火前，高、低压旁路就必须复置，处于正常启动状态，这是有些锅炉复置MFT的必要条件之一。锅炉点火后，高、低压旁路系统均处于自动状态，当实际主蒸汽压力低于预先设定好的压力偏置时，高压旁路阀保持一个预置的强制打开的最小开度。随着主蒸汽压力升高超过预置值，高压旁路会自动逐渐开大，以保证主蒸汽压力按一个预先设定的变化率升高到机组启动所规定的冲转压力。达到汽轮机冲转压力以后，高压旁路的控制方式自动切换到定压方式。在定压运行式下，汽轮机开始冲转，一直到并网带负荷。大多汽轮机组均采用了复合滑压运行方式，机组的启动定压运行方式一直维持到负荷达一定值（WH机组为40％，东芝机组为25％，G/A机组为50％，ABB机组为35％）。在汽轮机带负荷的同时，只要实际主蒸汽压力低于设定值，高压旁路阀就会自动开始关小，一直到高压旁路阀全关。高压旁路的控制方式自动切换到滑压运行，汽轮发电机转入滑压运行方式，高压旁路则处于事故备用状态。

在汽轮机的启动阶段，低压旁路的控制和运行方式是与高压旁路相独立的。低压旁路控制进入自动方式后，随着锅炉升温升压，再热蒸汽压力达到一定值时，低压旁路控制方式自动转到“最小压力控制方式”，低压旁路控制阀就会开始关小，慢慢直至全关。当低压旁路控制阀全关以后，低压旁路控制方式自动转到滑压方式，低压旁路主汽门保持全开，低压旁路控制阀保持全关，处于事故备用状态。

（16）暖管和疏水。锅炉点火后，为了使汽轮机进汽管道充分暖管并尽早达到冲转参数，需要打开旁路系统进行配合。在暖管疏水过程中应严密监视汽轮机上、下缸温差的变化，防止汽轮机进汽。由于疏水通过疏水扩容器送往凝汽器，加上旁路系统的排汽，这时凝汽器已带上热负荷，因此开启旁路时一定要注意凝汽器背压，必须保证凝结水泵和真空泵的可靠运行，并投入排汽缸喷水装置将低压缸排汽温度维持在60～80℃范围内。

3. 冲动转子和低速暖机

（1）冲转的条件。

1）全部辅机已按要求投入正常运行。

2）启动前的各种试验工作结束（汽轮机静态试验、危急保安器手动试验）。

3）凝汽器背压小于20kPa（真空大于60kPa）。

4）汽缸上部与下部温差小于42℃。

5）调速系统、保安系统及润滑油系统的油压、油温正常。油系统及盘车运行正常，发电机氢压正常，密封油、内冷水运行正常。

6）主机所有保护均已投入。

7）确认汽轮机在盘车状态，转子偏心度不大于0.076mm或不偏离原始值的±0.02mm，连续盘车时间不少于4h。

8）冲转参数必须保证蒸汽过热度大于56℃，并与汽轮机的温度状态相适应。

9）确认所有疏水阀都已打开。

10）低压缸喷水控制在自动位。

（2）冲转方式。采用高压缸启动，要切除高低压旁路，确认减温水关闭，确认再热汽压力为零，维持主蒸汽参数稳定。冬季严寒期启动应采用高、中压缸联合启动方式。

（3）升速和暖机。首先核实进汽前的设备状态如下：

1）汽轮机转子在盘车状态。

2）高中压自动主汽阀，高中压调速阀在全关位。

3）空冷凝汽器控制系统选择在“汽轮机方式”，退出“旁路运行方式”。

在汽轮机挂闸之前，根据启动方式确定旁路状态，高缸启动要把高、低压旁路关闭，关闭时注意锅炉水位变化，在整个启动过程中旁路不参与调节。30%负荷后旁路自动投入自动跟踪状态。冲转过程中转子偏心度应稳定并小于0.076mm，以每分钟100～150r/min速度进行升速，汽轮机转速达600r/min时，停留6min，进

行全面检查，特别应注意倾听汽缸内部、轴封处及各轴承内部有无摩擦声，各轴承温度及回油温度变化，检查排汽缸温度正常。机组大小修后汽轮机转速在600r/min时要进行打闸摩擦检查，确认无问题后可继续升速。当汽轮机转速升至1000～1200r/min后，（避开临界转速）进行低速暖机 1h。暖机期间投入高、低压加热器，同时做好锅炉侧燃烧的调整，稳定参数。机组过临界转速时要记录好机组各瓦振动值。中速暖机结束后，升速至 2600r/min，进行高速暖机，暖机 1h。暖机时间从中压缸进汽温度达到 260℃时开始计算，任何情况下不得缩短，使转子温度至大于或等于 121℃。暖机期间应维持锅炉汽温、汽压稳定，暖机时间内主蒸汽温度不能超过 427℃，再热进汽温度保持在 260℃以上。确定暖机结束，检查缸体膨胀已均匀胀出，高压、低压胀差逐步减小，各项控制指标不超限，并相对稳定。继续升速，升速至 2900r/min 时，转速稳定后，进行高压主汽门与高压调门控制切换，高压主汽门与高压调门控制切换时要确认蒸汽室金属温度大于主蒸汽压力下的饱和温度才可以切换。阀切换完成，汽轮机转速升速并稳定保持在 3000r/min。

（4）冲转过程中的监视和检查。对于冷态启动来说，汽轮机升速是一个比较长的阶段。在这个阶段中，汽轮机的各种参数都在发生变化，这种变化反映了汽轮机的状态，是运行人员在启动过程中必须要严格监视和密切注意的。主要有汽压、汽温、各缸膨胀、胀差、轴向位移、上下缸温差、转子热应力的变化趋势，确认润滑油温慢慢上升到 38℃以上。

1）汽轮机的膨胀和差胀。对冷态启动来说，监视汽轮机的膨胀和差胀数值比热态启动更为重要，特别是新机组第一次启动，运行人员更应该注意加以监视。大型的汽轮发电机组在高、中、低压缸的左右两侧都设计了汽缸膨胀点。在升速过程中，运行人员应该通过这些膨胀监视点来监视汽缸的膨胀变化。

在大容量汽轮发电机组上，都设计有差胀保护，即差胀超过一定值后，汽轮机会自动脱扣。

2）汽轮机的振动。机组设有振动报警值和振动脱扣值。

（5）汽轮机各点温度的监视。汽轮机的冷态启动是一个加热的过程，汽轮机各点的温度都随着启动的速度而发生变化，所以，启动过程中各点的温度是运行人员必须要密切监视的。对 600MW 容量级汽轮机来说，主要应注意以下几方面。

1）高、中压转子的温度。高、中压转子都有一个温度探针，可以通过温度探针了解高、中压转子的温度变化情况，并可以了解到热应力的变化趋势。

2）高、中压缸的上下缸温差。在启动中，高、中压缸的上下缸温差是用来了解缸体的疏水情况。所以，在整个启动过程中要严密监视上下缸温差不大于50℃。

3）各轴承的轴承金属温度。汽轮机轴承金属温度反映了轴承油膜工作的稳定性。在启动过程中，运行人员应监视轴承的金属温度，一旦出现轴承温度异常升高，应立即查找原因。一般情况下，轴承出现磨损、汽轮机严重进水、轴向位移增大或汽轮机强烈振动等等原因，都会引起汽轮机轴承金属温度突然升高。

（6）汽轮机的热应力。600MW容量级的汽轮机一般配有一套热应力的控制装置。它不仅用于控制汽轮机启动的速度变化率，还在整个启动过程中，控制负荷的变化率。在正常运行中，热应力控制装置通过控制负荷的变化速度来保证汽轮机的安全性，保证汽轮机转子的寿命。热应力控制装置还具有保护功能，在汽轮机启动和正常运行中，无论高压转子还是中压转子，一旦热应力超过转子所允许的应力水平，它就会参与机组的控制，用改变转速或负荷变化率的方式降低相应转子的应力。如热应力仍不能得到有效控制时，热应力控制装置会发出报警信号，热应力大到一定的数值，会立即脱扣汽轮机，以保证汽轮机转子的安全。

（三）并网和带负荷

并网后，运行人员应在控制盘上确认和操作汽轮发电机组已带上最小负荷。机组并入电网后即可按冷态启动曲线接带负荷，低负荷暖机一般取额定负荷的7％～10％。汽轮发电机的升负荷，由运行人员根据值长的命令进行。具体操作是由运行人员在汽轮机控制盘上设定“目标负荷”和“负荷变化率”，在锅炉燃料量配合的基础上，汽轮机在“功率控制”方式下运行，按照运行人员设定的负荷变化率将负荷精确地升到预先设定的目标负荷。

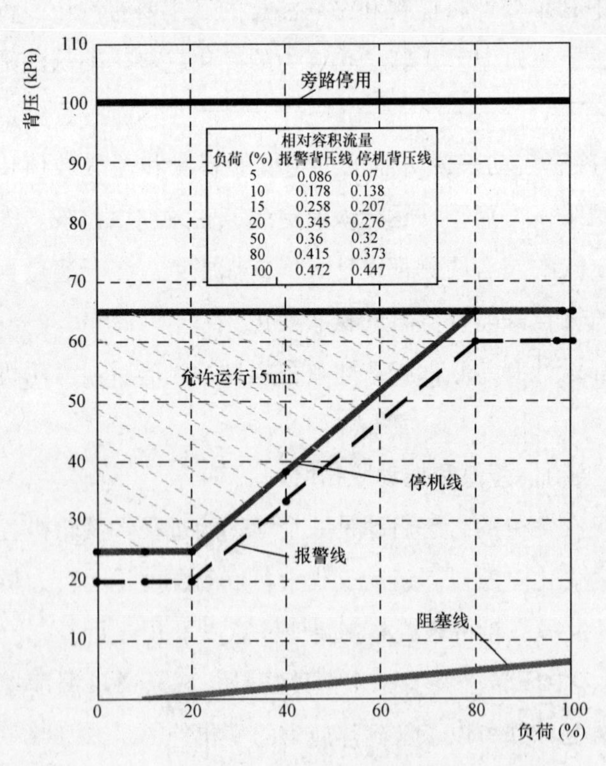

图5-1　汽轮机背压保护曲线

（1）背压按照“直接空冷机组汽轮机背压保护曲线”控制，见图5-1。

（2）高、低压加热器的投入。目前机组采用随机启动的方式，在中速暖机时高、低压加热器投入运行。当负荷分别达到规定值时，先后将高、低压加热器疏水倒至正常水路。加热器随汽轮机滑压启动，不仅对暖机有利还可以提高机组的经济性。

（3）除氧器的启动方式。除氧器大都设计成滑压启动，辅助蒸汽加热时，除氧器的压力调节器设计压力为 0.15MPa，随着汽轮机的启动，第 4 级抽汽压力逐渐升高，当抽汽压力达到 0.15MPa 以后，开始进行蒸汽汽源的自动切换，除氧器滑压投入，直到正常工作压力。当投入正常运行后，运行人员要监视除氧器的出水含氧量小于规定值。

（4）汽轮发电机组的运行方式。当高、低压旁路全关后，汽轮发电机组要进行运行方式的选择。机组主控有三种运行方式即“机跟炉”、“炉跟机”、“机炉协调”。“机炉协调”投运后，即可投“电网自动控制”（AGC）运行方式。运行方式的选择可以在机组主控盘上进行，同时可以选择机组的目标负荷、负荷变化率。

（5）给水泵的并列运行，600、660MW 级机组通常采用 50%容量的给水泵。当机组负荷达额定负荷 40%以上时就要启动第 2 台给水泵，2 台给水泵并列运行。给水泵的并泵工作可由运行人员选择自动或手动操作，关键是要掌握好给水压力与给水流量的稳定，不要造成给水流量的大幅度波动。

（6）600、660MW 级的汽轮发电机组采用的都是复合滑压运行方式，滑压运行的范围为 40%～90%负荷。到达滑压最高负荷时，滑压运行结束，开始进入定压运行，这时对应的主蒸汽压力达到额定压力。

（四）启动后的试验

汽轮机如果是第一次启动、大修后启动或是经过任何影响危急遮断器动作整定值检修工作后的首次启动，达到额定转速以后，都要进行阀门严密性试验和汽轮机提升转速试验，有时还要进行甩负荷试验。

1. 主汽门、调速汽门严密性试验

（1）试验条件。

1）调速系统静态试验合格。

2）DEH 控制处于自动位置，无其他试验。

3）试验在机组空负荷时进行，试验前维持机组转速为 3000r/min。

4）试验时保持汽压、汽温、背压稳定。主汽压力一般不低于额定压力的 50%，再热汽压力维持小于或等于 0.8MPa，背压不大于 20kPa。

5）试验过程中保持交流润滑油泵、高压密封油备用泵运行。

（2）试验过程中的注意事项。

1）试验时各级抽汽电动门、止回门均应关闭严密。

2）试验过程中监视各轴承振动情况。

3）试验时应注意汽机胀差、轴向位移、机组振动及缸温变化。

4）避免在临界转速附近停留。

5）汽轮机转速降到合格转速以下，记录终结时间，全面检查机组，如无异常，根据需要汽机重新挂闸进行相应操作。

（3）试验结论。当汽轮机转速降至 n=试验压力/额定压力×1000r/min 及以下时严密性试验即为合格。

2. 提升转速试验

（1）试验条件。

1）试验前手动、远方及就地打闸试验合格。

2）手动打闸后，高、中压主汽门、调速汽门、各抽汽止回门关闭严密、无卡涩、转速迅速下降。

3）主汽门、调速汽门严密性试验合格。

4）提升转速试验前应确定危急遮断器喷油试验合格，飞锤动作正常。

5）主机各部运转正常，无异常振动。高压密封油备用油泵，交、直流润滑油泵，顶轴油泵处于良好的备用状态。

6）主机轴向位移、高压缸调端胀差、低压缸电端胀差正常。

7）危急遮断器超速试验，一般应在机组稳定参数下不超过20%额定负荷，暖机4～7h以上，其目的是加热汽轮机转子，使转子温度达到350℃以上，方可进行超速试验。

8）高、低压旁路系统备用良好，可以随时投入运行。

9）汽轮机EH油油质各项指标合格。

（2）试验的要求及注意事项。

1）试验时必须有一名运行人员站在手动跳闸按钮前，做好在非常情况下立即手动停机的准备。

2）危急遮断器超速试验严禁在额定参数下或接近额定蒸汽参数做超速试验，进汽压力应限定为额定压力的40%以下。在试验过程中应保持汽轮机进汽参数的稳定。

3）严密监视机组转速及振动，超过极限值应立即手动停机。

4）试验时必须有严密的组织、措施和分工，明确操作人和监护人，主控与就地通信保持畅通。试验中发现异常时应立即停止提升转速，转速应维持在3000r/min运行，并采取切实可靠的措施。

5）危急遮断器机械超速试验应连续进行2次，每次动作转速均应在合格范围内，前后2次动作转速差应不大于18r/min。

6）试验前，机组在额定转速下运行。

7）超速试验时，润滑油进油温度应控制在40～45℃。

8）超速试验前，机组各项保护应投入。

9）超速试验前，应启动高压密封油备用油泵确保危急遮断器供油正常。

10）超速试验过程中，汽轮机转速低于2800r/min时，应启动交流润滑油泵。

11）转速超过3360r/min时，应立即打闸停机。

12）超速试验后，当机组转速下降到危急遮断器复位转速后应及时进行挂闸操作，不得在飞锤复位前过早进行挂闸或挂闸过迟防止增加不必要的操作。

13）超速试验一般先进行OPC试验，然后进行电超速试验，最后进行机械超速试验。由于大部分机组机械超速动作转速值低于电超速值，电超速试验时应将其动作定值修改为低于机械超速值后再进行试验，机械超速试验时将电超速值恢复至原规定值。

3. 甩负荷试验

（1）试验目的。

1）考核汽机的DEH控制系统在甩负荷时能否控制机组转速不超过危急保安器动作转速。

2）测取机组甩负荷后的动态过渡过程特性曲线。

3）考核机组和各配套辅机及系统的设计、制造、安装、调试质量，以及对甩负荷工况的适应能力。

（2）试验要求及条件。甩负荷试验要成立试验指挥领导组，在统一领导、组织下进行。成立甩负荷试验机构，下设测试组和运行操作组。测试组以调试人员为主，生产、制造、安装配合。运行操作组以生产运行人员为主，主要负责甩负荷试验中运行设备的操作及事故处理，指挥并协助测试组做好试验过程中的运行参数记录、整理。

1）甩负荷试验分为两次进行，先进行50%有功负荷的甩负荷试验，不带厂用电，投入高、低压加热器。在甩50%有功负荷试验成功的基础上，并确认甩100%有功负荷的试验具有安全保障的情况下，进行第二次100%有功负荷的甩负荷试验，不带厂用电，投入高、低压加热器。

2）要求甩负荷后锅炉不灭火，发电机尽量不灭磁（试验时若超压并且过电压保护拒动应手动灭磁）。

3）现场消防系统处于可靠备用状态，现场有足够的正式照明，事故照明系统完整可靠并处于备用状态，通讯设备畅通。

4）机组经过满负荷运行，所有设备运行正常，性能良好，操作灵活。热工保护、自动均能投入且保护动作正常、自动调节良好，各主要监视仪表指示正确。

5）汽轮机EH油系统、低压油系统油质合格符合相关规定，各油泵连锁启动正常。

6）DEH调节系统的静止试验、静态关系、设定的逻辑及参数均符合要求。机组空负荷运行在主、再热蒸汽参数较高时也能保持稳定。

7）高、中压自动主汽门、调速汽门、油动机无卡涩，关闭时间满足要求（从打闸到全关时间不大于0.5s）。

8）各主汽门、调门严密性试验合格（在额定参数下转速应能从3000r/min降至1000r/min以下）。

9）就地、远方打闸试验正常，电信号超速保护、机械超速保护试验合格，并网前应进行保安器的喷油试验正常，飞锤动作应正常。

10）各段抽汽止回门、电动门、机本体疏水门、排汽缸喷水门自动连锁动作正确。

11）高、低压加热器保护经试验动作正常，确保可靠。

12）汽轮机高、低压旁路系统动作正常，各保护能可靠投入。

13）调节保安系统中的压力表、转速表、行程指示应准确无误。第一级压力、高压缸排汽压力、冷端再热蒸汽压力、热端再热蒸汽压力、连通管压力、凝汽器真空的表计正确。DAS中显示的各参数应准确并能进行数据采集打印。

14）各系统声光报警正确无误。

15）锅炉的过热器、再热器安全门经试验动作可靠。

16）锅炉的保护、连锁试验合格，投入工作可靠。

17）锅炉的燃烧调整灵活方便，能满足大范围的工况变化要求。

18）发电机的出口开关和灭磁开关跳合正常，试验前先接好甩负荷用“试验按钮”且经模拟试验动作可靠（试验按钮跳油开关，油开关应在断开位置）。

19）动态测试组做好甩负荷录波参数的准备工作。准备工作包括汽机转速、发电机定子电流、速度级汽压、高中压调速汽门行程、EH 油压、OPC 油压、主汽压、再热汽压、各段抽汽压力、电负荷、油开关动作信号。做好目测及计算机采集参数记录的准备工作，记录内容按甩负荷试验前瞬态值、甩负荷过程中最大值、最小值、甩负荷后的稳定值几个阶段分别记录，记录项目有转速、电功率、主汽及再热蒸汽压力及温度、高压缸排汽压力及温度，低压缸排汽压力及温度、胀差、轴位移、各瓦振动、支持及推力轴承金属温度、各段抽汽压力、温度、汽包水位、抗燃油压、安全油压、速度级汽压。电气专业做好甩负荷时发电机功率、电压、电流、周波的录波准备。

20）甩负荷经中心调度局批准，甩负荷时，电网周波为 50Hz±0.2Hz。

21）甩负荷试验应有厂家参加，且经过电厂运行单位、安装、调试单位对投运的设备认可，经上级部门批准后方可进行。

（3）注意事项。

1）甩负荷试验必须保证设备安全，试验前所有锅炉、发电机组的保护均须投入。

2）每次试验前确认各保护的投入状态正常。

3）运行操作人员在甩负荷前必须熟知甩负荷试验操作步骤，做好事故处理准备。

4）甩负荷试验时机、炉专业操作人员应互相联系、协调配合。

5）甩负荷后，若超速保护动作，应立即检查各主蒸汽、再热蒸汽调门，各段抽汽止回门是否关闭并严密。

6）试验期间，在机头、主控各有一人监视转速变化，随时听取各方面有关机组的运行情况汇报，当机组发生异常情况时，应在机头或主控立即打闸停机。

7）对监护人员进行明确分工，分别监视高、中压主汽门、调门的动作情况，以及机组振动、胀差、汽缸温差、轴位移、轴承金属温度、真空、润滑油温、油压、抗燃油压、油温、蒸汽参数变化等。真空破坏门、主汽门、调门、抽汽电动门、旁路等操作应设有专人监护，以便在事故状态下手动快速操作。

8）停机后机组转速如不能下降时应采取一切有效措施切断汽源。

9）若锅炉调压手段失灵超压时应立即紧急停炉，切断燃烧量，降低汽压。

10）发电机主开关掉闸后，应监视发电机过电压情况，如过电压保护拒动时，应立即手动灭磁。

11）试验中若机组转速超过3360r/min飞锤不动作，应就地或远方手动紧急停机，原因未查清严禁启动机组。

12）待机组转速降至3000r/min以下时机组挂闸，恢复机组3000r/min运行。

三、热态滑参数启动

启动前汽轮机高压转子温度高于350℃时，都可称为热态启动。这时在升速过程中就不必暖机，只要检查和操作能跟上，应尽快地达到对应于该温度水平的冷态启动工况。

汽轮机在停机后，由于各金属部件的冷却速度不同，所以金属部件之间存在着一定的温差，从而造成动静间隙的变化，给启动带来一定困难。汽轮机组的一些大事故，如大轴弯曲、动静摩擦等，往往是在热态启动中操作不当而引起的。掌握热态启动的一般规律，严格按照规定进行操作和检查，就可使汽轮机在任何状态下都能顺利而迅速地启动。

1. 热态启动的规定

（1）大轴晃动度不得超出规定值。

（2）上下汽缸温差不得超出允许范围。

（3）热态启动，点火后可适当提高升温速度，以满足汽轮机冲转要求，但必须保证再热器管壁不超温。进入汽轮机的主蒸汽和再热蒸汽温度，应分别比高、中压汽缸金属最高温度高50℃以上，并具有50℃以上的过热度，严禁超温超压。

（4）冲车参数的选择。主蒸汽温度应比第一级金属温度高56～111℃。主蒸汽温度确定后，应根据至少保证56℃的过热度来确定主汽压力。再热蒸汽温度应比中压缸隔板套金属温度高56℃，主蒸汽和再热蒸汽温度任何时候不得超过额定值。

2. 热态启动主要操作

（1）汽轮机热态启动的主要步骤与冷态启动及温态启动基本上是相同的。但热态启动与冷态启动最大的区别在于汽轮机所处于的温度水平不同，启动关键在于不能让处于热态的汽轮机转子及汽缸发生冷却。

（2）热态启动时，使用高温辅助蒸汽供轴端汽封，供汽温度控制在160～170℃。抽真空安排在冲转前1h，防止抽真空过早有空气漏入汽缸，使其冷却。冲转前30min投入高、低压旁路，给水泵应迅速加负荷做好启动准备。启动前盘车应连续运行，大轴弯曲度不大于规定值。机组所有疏水阀均应开启。冲转时主蒸汽过热度大于50℃或进入汽轮机的高压主汽门和高压调节汽门后的蒸汽温度要比汽轮机进口处转子的温度至少高20℃，并保证有20℃以上的过热度。进入中压主汽门和中压调节汽门后的蒸汽温度要比汽轮机中压缸进口处转子的温度至少高20℃，并保证有20℃以上的过热度，来保证蒸汽在高、中压转子上进行加热，而不是冷却。

（3）机组全面检查正常后，以200～250r/min的升速率升至额定转速，定速后机组正常应立即并网，带一定的初负荷暖机。

（4）机组冲转后主蒸汽温度不得下降，并以较高的速率平稳地增加负荷，一直保持汽缸温度无明显下降。

（5）增负荷的过程中，可以先开大调速汽门至90%，然后利用提高主蒸汽压力的方法增加负荷。

（6）其他操作与冷态启动相同。

3. 热态启动过程中的注意事项

机组热态启动前其通流部分的金属温度较高，在启动过程中，应特别注意防止汽缸和转子被冷却，因此冲转蒸汽参数和轴封供汽参数必须符合要求，并要求快速升速、并网、带初始负荷。严格按规定控制主蒸汽的温升速率、初始负荷的大小与冲转前汽缸金属温度应相互对应配合。机组热态启动时应特别注意以下的事项：

（1）要控制主汽阀进口的蒸汽参数。使第一级蒸汽温度和汽缸金属温度有良好的匹配，在任何情况下，第一级蒸汽温度不允许比第一级金属温度高111℃或低于56℃。

（2）先供轴封后抽真空。

（3）当汽轮机处于热态，并且有必要切换到另一个辅助汽源时，必须保证蒸汽为过热蒸汽，蒸汽温度不高于轴封区转子金属温度150℃。

（4）高中缸联合启动在冲转过程中，应调节高、低旁路，使汽压稳定。

（5）汽轮机冲转期间，尽量保持汽温汽压稳定。

（6）对于汽包炉汽轮机冲车前适当维持汽包低水位，防止冲车时汽包水位上升过多。

（7）做好机组启动的各项准备工作。协调好各辅机启动时间，尽快地冲转、升速、并网带负荷，应尽快达到汽轮机高压缸第一级温度相对应的负荷水平。控制各金属部件的温升率、上、下缸温差和高、低压胀差在正常范围。

（8）汽机热态启动过程避免汽缸金属部件冷却。在启动过程中如果发现胀差向负值增长，应加快升速或缩短暖机时间，必要时还应适当提高进汽温度。

(9) 热态启动并网后。根据汽缸金属温度水平尽快带负荷至相应值。

(10) 升负荷过程中任一轴振动大于 125μm 时，应停止并适当减去部分负荷，查找原因并进行处理。若振动无明显下降且有增大趋势，申请停机。若减到某一负荷时，振动有明显下降，应在此负荷下暖机 30min，并检查各主要参数正常。

第二节　直接空冷机组冬季启动

直接空冷机组冬季的启动与机组正常启动基本相同，不同的是直接空冷机组冬季启动要做好空冷凝汽器的防冻工作，要在确保空冷凝汽器散热器管束不发生冻结甚至破裂的前提下实现机组顺利启动。

一、直接空冷机组冬季启动过程中存在的问题

冬季直接空冷机组在启动时，必然存在空冷凝汽器的进汽量低于防冻要求的最低进汽量的阶段，这个阶段如果控制不好，就会发生空冷凝汽器局部结冰现象，不能及时消融任其发展就会导致空冷凝汽器大面积冻结，直至设备损坏。所以保证直接空冷机组在冬季安全启动是一个必须面对、需要认真分析解决的一个难题。

概括来说，直接空冷凝汽器冬季冻结程度与以下几方面因素有关。

(1) 外界气象条件好坏。

(2) 排汽参数的控制，空冷凝汽器的进汽量、进汽参数，以及进汽时间长短。

(3) 空冷风机的运行方式控制。

(4) 汽轮机的启动方式。

(5) 旁路系统的运行情况。

二、直接空冷系统冬季启动的控制

直接空冷机组冬季启动面临最大困难就是空冷凝汽器散热器管束的防冻，主要原因是锅炉点火到汽轮机冲转之前，有部分蒸汽不可避免地进入空冷凝汽器散热器管束，且进汽量非常小，这部分蒸汽进入空冷凝汽器散热器管束内就会不同程度的凝结结冰。

启动阶段进入空冷凝汽器的蒸汽主要有：汽轮机轴封漏汽，主、再热蒸汽管道疏水，自动主汽门、调门漏汽，投入旁路初期的进汽量。

直接空冷机组冬季启动过程中，保证空冷凝汽器散热器管束不结冰是不可能实现的，关键是在结冰不严重的情况下将机组带到一定负荷，使结冰情况不再发展，进而随着机组负荷的增加，通过合理调控空冷风机的运行方式，对整个空冷凝汽器进行解冻。因此，需要更加灵活合理的安排机组启动的各项操作和参数的调整，以避免在锅炉点火初期的不必要拖延。

（1）直接空冷机组冬季启动要遵循的一般原则。

1）安排白天启动。利用相对高的环境温度和日照条件，进行机组冬季启动操作。

2）退出部分空冷凝汽器散热器。启动前要确定关闭空冷凝汽器配汽管道进汽端的隔离阀门及相关抽真空阀。

3）启动冲车方式。为了保证启动时空冷凝汽器进汽量，必须采用高、中压缸联合启动的方式。

4）做好充分的准备工作。要事先做好连锁保护试验、设备传动等工作，安排好必要的专业人员，配合处理启动时可能出现的问题，尽量缩短启动时间。

（2）直接空冷机组冬季启动的操作。

1）建立真空。冬季机组启动在热态情况下，建立真空前要先投轴封。为减少轴封漏汽进空冷岛的量，要尽可能迟投轴封，因此在锅炉起压后再投轴封建立真空即可，为尽快建立真空可多启动真空泵。

2）凝汽器背压不要保持过低。一般保持40～50kPa即可，不要太低。

3）锅炉起压后机侧主再热蒸汽管道疏水间断开启，保证充分疏水的情况下，尽可能减少空冷岛的进汽量。

4）高、低压加热器不采用随机启动方式，以保证空冷凝汽器有尽可能多进汽量。

5）冲转前启动备用真空泵快速将空冷凝汽器背压降至20kPa，但不要过低。

（3）蒸汽参数的提高和旁路的投入。

1）点火后应根据锅炉的升温升压曲线，在规定范围内尽快地提高蒸汽参数，要尽可能推迟关锅炉侧疏水，充分利用锅炉过热器对空气的排汽，可以冷却过热器和提高蒸汽参数。

2）注意监视锅炉出口烟温和再热器壁温，防止再热器金属超温。

3）旁路投运后，要尽快增加低压旁路流量到150t/h以上，并控制低压旁路减温后温度为100～110℃，尽可能增加进入空冷凝汽器的热负荷。

4）加强对空冷凝汽器就地检查和对各排抽气口温度的监视。

（4）机组的冲转、带负荷过程中的调整。

1）达到冲转参数时，根据汽机缸温，采用尽可能高的升速率，确定尽可能高的初始负荷。

2）冲转时继续增加燃烧，保证尽可能高的低压旁路流量。

3）启动阶段控制排汽缸温度和疏水扩容器温度，一般为70～80℃。

4）机组带负荷后要做好空冷凝汽器各散热器管束的化冰工作，同时做好凝结水箱和热井水位的调整工作。

（5）空冷风机的启动。

1）随着机组负荷的升高，机组背压达到25kPa时，开始逐渐开启空冷风机。

2）逐台启动各排逆流区空冷风机，随机组负荷的增加、背压的升高，按各排凝结水下联箱温度及抽气口温度由高到低的顺序逐排逐步启动各顺流区空冷风机，启动备用风机时，保证运行的风机转速不超过20Hz。

3）部分退出运行的空冷凝汽器散热器，当机组背压达到25kPa以上，其他风机都投入运行且转速均在30Hz以上，再投入运行。投入时必须先开隔断阀后启风机。

直接空冷机组的运行和维护

第一节　正常运行调整的任务

直接空冷机组正常运行期间调整的任务是，确保空冷机组的安全经济运行，保证运行过程中的各项参数及设备功能正常。

正常运行中，直接空冷凝汽器主要调整的项目是排汽压力、凝结水温度、抽气口温度在汽轮机允许安全运行的范围内。根据机组发电负荷（空冷凝汽器的热负荷）和空气温度，调整进入凝汽器的空气流量（即调整风机投运数量或转速），满足工况要求的换热效率，以达到控制汽轮机排汽压力的目的。

一、正常调整

正常运行期间，机组的调整从保证空冷系统运行参数在额定范围和维护运行设备的安全稳定两方面入手。维护运行设备的安全稳定要保证疏水泵、凝结水泵、真空泵、空冷风机运行正常，凝汽器表面的清洁，冷却单元的隔断门关闭，空冷岛挡风墙固定良好、无倾斜、缝隙，各扇形面、散热器集水箱管片连接完好、牢固无裂缝。保证空冷系统运行参数方面要注意监视调整汽轮机排汽压力、轴封压力、凝结水箱水位、热井水位、真空泵与汽水分离器水位，以及各空冷转动设备相关参数在正常范围内。夏季期间，加强对汽轮机排汽压力的监视，防止在高温大风等情况对机组安全性的影响。冬季期间，则要注意防冻，加强对凝结水过冷却度、汽轮机排汽压力、各排凝结水下联箱温度、各排散热器凝结水端差、各排逆流散热器的真空抽气温度、散热器各部管束表面温差、空冷岛散热器出风温度、各排凝结水下联箱温度偏差等参数的监视。

直接空冷系统水质特点是含盐量低，水中的二氧化碳含量较高且对管壁的腐蚀性高。直接空冷的腐蚀程度主要取决于凝结水处理，凝结水处理是汽水品质的保障，也是防腐效果好坏的关键，运行中要严格控制凝结水品质，保证凝结水水质在规定范围。

二、直接空冷机组在夏季、冬季及恶劣天气情况下的调整

（1）直接空冷机组在运行中对气象条件的变化极其敏感。特别是在夏季高温大负荷时段，要求运行机组必须留出一定的背压裕量来，防止发生由于气候条件突变，背压急剧升高，机组保护动作跳闸故障。

（2）机组在运行期间，必须严格按照背压控制曲线（见图 5-1）的要求进行负荷控制调整。当机组带大负荷且背压升高后，应严密监视汽轮机两个低压缸背压值，以两个低压缸背压的高值作为限制机组负荷的依据。防止末级叶片的脱流、倒流现象，以及由此产生的末级叶片振颤、末级叶片动应力增大造成叶片损坏等问题的发生。机组在高负荷、高背压运行期间，应控制汽轮机进汽参数在额定值，保证主蒸汽流量、调节级压力、轴向位移、排汽缸温度不超限。

（3）夏季期间应加强对空冷风机变频器、电动机温度、减速机油位及温度的检查监视。还应注意：①减速机油位低时应及时补油；②运行真空泵汽水分离器水位和工作液温度的监视，如水位计满水，必要时用分离器底部放水将水位降至正常；③加强对运行转动设备电机风温、轴承温度的监视；④保持空冷岛各排冷却单元隔断门在关闭位置。

（4）夏季机组背压值随着环境温度而发生变化，高背压时可根据实际情况限制机组出力，同时应加强风向、风力的观察，注意排汽压力的变化和锅炉燃烧、机组负荷、热井水位、汽轮机轴系等参数变化，情况严重时应及时投入尖峰冷却喷淋系统。建议：①运行机组背压值超过 40kPa 后，应降低机组负荷，直至将机组背压控制在低于 40kPa 以内，以防止气象干扰因素造成机组背压进一步恶化。②机组因背压高降负荷时，应以不低于 25～30MW/min 的速率降负荷，直至机组背压开始下降后，方可将负荷稳定在当时的水平。③机组在高背压运行期间，应保持控制背压值与背压保护曲线间留出 15kPa 的余量，防止大风产生的热风回流造成背压高保护掉机故障的发生。

（5）冬季由于环境温度低，凝汽器换热效率高，机组的经济性也因此提高了，但这时的空冷凝汽器的防冻工作也成了主要工作。为了防止空冷凝汽器管束内部结冰，冬季机组的背压调整应兼顾设备的防冻和经济性两方面来进行。在环境温度低于 0℃时，由于空冷凝汽器的散热器各管排之间的热负荷分配不均匀，以及大量的不凝结气体的存在，运行调整不当，就会发生管内流体凝结、堵塞和冻结，使空冷

凝汽器的传热性能降低、空冷风机电耗增加、经济性大幅下降，如果处理不及时会发生空冷凝汽器冻结损坏，甚至导致机组停运。

（6）冬季遇有大风降温或风力较大的气象情况。运行人员应采取适当增加机组负荷或提高运行背压等手段，防止因大风、降温、散热器热量分布不均造成管束冻结损坏事故。机组在运行期间，应根据空冷凝汽器散热器温度偏差来调节空冷风机的转速。通过逆流散热器风机的反转，使顺流散热器出口的热风倒流入逆流散热器的空气入口进行防冻，以实现对空冷系统的防冻或回暖等功能。

（7）冬季机组在运行中。当环境温度低于某一结霜点时，在逆流凝汽器管束的上部会出现结霜，这是由于不可凝结气体的过冷现象造成的。如果结霜现象持续一段时间，可能逐渐堵塞逆流凝汽器管束芯管的上端，妨碍不可凝结气体的排出。作为一种保护措施，逆流段凝汽器风机必须在一定运行时间间隔内以给定速度反转一段时间，以便逆流凝汽管束的芯管被回暖加热，融化可能已经形成的冰冻。应加强对逆流区散热管束表面温度的检查，若发现逆流区上部散热管束表面温度太低的情况，应降低本逆流段冷却风机转速直至停止逆流冷却风机运行，若偏差仍然大，则还应再降低相邻顺流段风机的转速，必要时应延长逆流冷却风机反转时间或增加机组负荷。

（8）密切监视空冷凝汽器各排真空抽气口的温度。正常情况下抽气温度比本排下联箱凝结水温度低 1～5℃，但在任何时候都不得低于 15℃。运行中若发现抽气口温度下降，应降低对应排的逆流风机转速或停止风机运转，若温度没有回升，则还应适当降低本排顺流风机转速，同时将反转防冻功能投入。在上述调整的基础上还可启动备用真空泵，通过增加抽气口的空气流速来提高温度。密切监视各排凝结水的过冷度，冬季凝结水的过冷度最大不应超过 6.7℃，否则应启动备用真空泵或提高机组背压运行。空冷岛出口热风各测量点温度均大于 35℃，且本排抽空气口温度不低于 15℃。冬季运行中应注意检查空冷凝汽器各排两侧凝结水联箱任意连接位置温度均不得低于 35℃，且各排南北两侧温度偏差不得大于 5℃。若发现有偏差大于 5℃时，应及时解除自动，降低本排所有风机转速。

（9）冬季巡检中要加强对散热管束表面温差的监视调整。就地实际测凝结水联箱温度，尤其机组在低负荷运行期间，应加强空冷岛各散热管束表面温度偏差的检查测量。单个散热管束表面温度不允许有低于 0℃情况出现，否则应继续降低风机转速或增加机组负荷。

（10）加强空冷岛挡风墙检查，防止发生挡风墙脱落，寒风直接吹凝汽器管束。

第二节　真空严密性试验

一、真空严密性试验的必要性

对直接空冷凝汽器而言，不可凝结气体的增加会影响直接空冷凝汽器系统的运行，导致空冷凝汽器过冷度过大，凝汽器内换热效率下降，机组真空降低。另外凝结水含氧量升高还会出现系统氧腐蚀问题。在冬季寒冷季节不可凝结气体的增加还将导致空冷凝汽器管束结冰问题。对于汽轮机来说，真空的高低对汽轮机运行的经济性有直接的影响，真空高，排汽压力低，有效焓降较大，机组的效率越高。通过凝汽器的真空严密性试验结果，可以鉴定凝汽器的工作好坏，有效检验真空系统漏入空气量的大小，以便采取对策消除泄漏点。

目前采用的标准，真空严密性的指标为下降值不超 0.1kPa/min。试验以真空泵全部停止开始计时，进行 8～10min，取后 5min 真空下降的平均值。

二、真空严密性试验

1. 检测范围

(1) 汽轮机排汽管道，包括汽轮机、蒸汽配汽管道。

(2) 空冷凝汽器热交换器管束，凝结水联箱。

(3) 与负压系统连接凝结水管道、抽气管道系统。

(4) 与负压系统连接的疏水扩容器。

(5) 所有和排汽管道、汽轮机系统、空冷凝汽器真空系统相连的管道和接口。

(6) 与负压系统连接蒸汽减温旁路站及其辅助设备。

(7) 凝结水泵机械密封及入口滤网法兰连接处。

2. 试验要求

(1) 机组大、小修后均应进行该项试验。

(2) 机组正常运行中每月进行一次真空严密性试验。

(3) 试验时机组负荷保持在 80%以上。

(4) 解除空冷凝汽器风机自动控制。

(5) 试验前试转备用真空泵运行正常，处于良好备用状态。

(6) 维持轴封压力稳定，不低于 23kPa。

3. 试验步骤

(1) 抄录有关数据，机组负荷、蒸汽参数、真空（背压）及排汽温度等。

(2) 停运真空泵。

(3) 停泵后开始计时，每分钟记录一次凝汽器真空（背压）值。

(4) 试验时间 8～10min。

(5) 试验结束后开启真空泵。

(6) 取后 5min 真空下降的平均值，平均值不超过 0.1kPa/min。

试验时背压若出现异常情况，如背压升高过快时应立即停止试验，开启真空泵，严密性试验不合格应分析查找其原因。

第三节　直接空冷凝汽器漏风的检查维护

直接空机凝汽器散热器漏风将直接影响其换热效率，并造成空冷风机电耗增加。漏风主要发生在空冷凝汽器各单元散热器的挡风设备及相邻管束连接处，以及空冷散热器翅片管束和各冷却单元间。所以各冷却单元门要严密关闭，保证整个翅片管束间无破损和裂缝，挡风墙应固定良好，无倾斜、缝隙。

一、运行中保证冷却单元隔风门正常关闭

强制通风的顺、逆流冷却单元横剖面图近视为一个 A 字型三角形。顺流冷却单元顶部为蒸汽分配管的一部分，两侧分别为若干个翅片管束及管束底端单元组凝结水联箱的一部分，底部为空气供给系统。逆流冷却单元顶部为不凝结气体联箱，两侧分别为若干个长度略短的翅片管束，以及管束底端单元组凝结水联箱的一部分，底部为空气供给系统。

在运行中要保证各冷却单元隔风门关闭严密，避免出现相邻风机出风量相互干扰，出力低的风机出风量减小，使 A 字型三角形内底部冷却风和热排汽分布失衡，空冷凝汽器换热效率下降，机组背压升高。

二、散热器管束翅片漏风的维护

直接空冷凝汽器冷却单元的两侧一般由若干个翅片管束组成。翅片管是组成管束的最基本冷却元件，是空冷凝汽器的核心部件。翅片管具有良好的传热性能，翅片管性能的好坏直接影响空冷凝汽器的散热效果。当翅片管束出现裂缝或者破损

时，会降低散热器的换热性能，从而降低空冷凝汽器的运行效率。运行中当发现管束间有产生空气旁流的部位或间隙大于5mm时，均应进行处理。

对散热器管束翅片漏风的维护处理，可采用棉条对缝隙进行填补见图6-1，这种方法成本相对较低，初期效果也很好。但是经过一段时间的运行后，棉条经过风吹日晒后会松动脱落，特别是对散热器进行冲洗后大部分棉条都会脱落。目前采用V形铝制薄片固定在缝隙中间见图6-2，这种方法成本相对较高，但效果明显，长时间运行也不会脱落。

图6-1　棉条填补缝隙

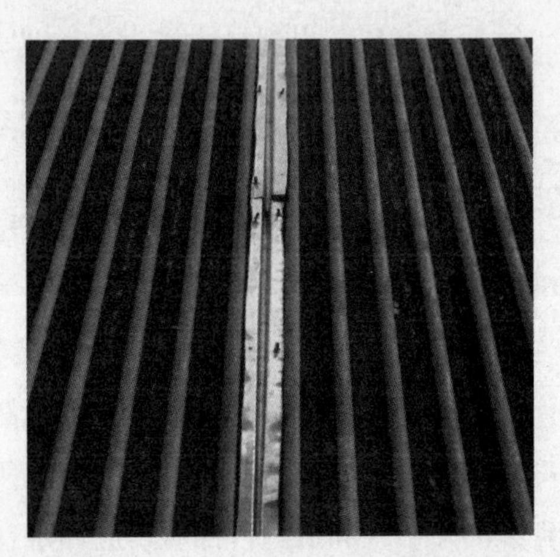

图6-2　V形铝制薄片固定缝隙

三、空冷岛挡风墙的检查维护

空冷岛四周布置有钢骨架和单层压型钢板组成的挡风墙，其设计高度一般分为三类，即平行于水平配汽管道底部，平行于水平配汽管道中心线，平行于水平配汽管道顶部。冬季挡风墙具有预防大风的袭击，抵御寒风直吹凝汽器管束，防止发生局部过冷而冻结等作用。夏季可防止发生热风再循环，影响空冷凝汽器换热效率。另外挡风墙脱落对地面人员及发电机出线危害性较大，为保证空冷凝汽器的安全运行挡风墙必须完好无脱落现象。

第四节　空冷机组漏真空的危害及其维护要求

直接空冷机组除具有湿冷机组原有的真空容积外（低压缸本体、轴封系统、低压加热器、疏水扩容器等），又增加了新的真空容积（排汽装置、排汽管道、庞大的空冷凝汽器及其相关联管道），新构成的真空系统与同容量湿冷机组相比容积增大约5～6倍。大容量直接空冷机组真空容积统计见表6-1。

表6-1　　大容量直接空冷机组真空容积表

名称 序号	机组容量（MW）	真空容积（m^3）	设计抽空气量（kg/h）
1	600	10 000左右	80～125
2	300	6000左右	70左右
3	200	3000左右	50左右

由于这些设备制造、安装、运行等原因，使得庞大的真空容积漏真空的几率大大增加。在已投产的200、300和600MW级直接空冷机组中，都曾发生过真空系统泄漏，对机组的安全、经济、满发运行产生很大影响。

一、直接空冷汽轮机漏真空原因

机组漏真空现象在运行中经常发生，对机组的安全运行威胁较小，但检查漏真空点较为困难。运行中漏真空现象通常表现为汽轮机同一负荷下的真空值比正常时低，并稳定在某一真空值，随着负荷的升高凝汽器真空反而提高（负荷升高使机组真空系统范围缩小）。真空系统严密程度可以通过定期的真空系统严密性试验进行检验。若确认真空系统不严密，则要仔细地找出泄漏处（可用氦气或专用的检漏仪器检漏），并及时消除。机组大、小修后应对部分真空系统用灌水找漏的方法，以消除泄漏点，确保在运行中真空系统严密。

（1）制造安装方面。由于主机及空冷设备质量问题，在管道、阀门、联箱、膨胀节等方面存在不严密，或由于工期短、进度快等原因，导致安装质量差、工艺粗糙，造成系统不严密。

（2）设计方面。直接空冷在我国属于新技术，在直接空冷机组发展初期设计方面有很多配套系统，仍沿用同类型湿冷机组设计方案，但不能满足空冷机组参数需要。

（3）在机组运行方面。冬季直接空冷机组运行中如果排汽参数调整不当，将导致空冷凝汽器管束受冻变形或冻裂，负压系统出现漏真空现象。所以低气温下，要控制好各项参数，降低风机转速，采取冬季防冻回暖控制，防止发生空冷散热器管束与配合汽管处焊口等设备冻裂。

二、容易发生漏真空的部位

（1）低压缸本体泄漏。包括：排汽缸、排汽管道或排汽装置连接处等。

（2）排汽装置泄漏。

（3）低压缸两端轴封。

（4）空冷系统泄漏。包括：排汽管道（排汽装置）及安全阀、散热器冷却管束、蒸汽分配管、凝结水联箱及隔断阀。

（5）抽真空系统、凝结泵、回热系统等。

三、漏真空的现象

（1）凝汽器真空下降，排汽温度升高。

（2）机组负荷降低或带同样负荷时主蒸汽流量增大。

（3）凝结水含氧量增大。

（4）低压缸胀差增大。

四、漏真空的危害

（1）系统漏真空，就会使不凝结气体增多，排汽压力和温度升高，降低机组经济性。排汽温度升高还会使低压缸变形，会造成机组振动，严重时机组被迫减负荷或停机。

（2）系统漏真空会造成凝结水含氧量增加，加剧管道腐蚀，并增加除氧器负担，给机组安全运行带来危害。

（3）系统漏真空时，空气积聚在空冷系统内部，将导致蒸汽汽流被不凝结气体阻塞，使蒸汽不能畅通的流动，不凝结气体形成的空气阻，会降低空气散热片的传热系统，使凝结水温度偏低，传热端差增大，同样负荷下空冷风机电耗会增大。

五、运行维护要求

（1）定期进行真空严密性试验，试验不合格应积极查找漏点并消除。

（2）建立明确的工况记录，定期对机组负荷及主蒸汽流量进行记录比对。

（3）定期对空冷凝汽器各排凝结水温度及抽气口温度进行记录比对。

（4）建立日报表制度，发现凝结水含氧量增大应及时查明原因。

（5）机组停运后在无真空情况下禁止向汽轮机疏水扩容器内排汽，防止低压缸大气安全门或负压系统破裂运行中漏真空。

（6）直接空冷机组在大、小修后应对其真空系统进行查漏工作。

1）对主机真空系统包括排汽装置及其相连的部分、疏水系统、凝结水系统等，可进行灌水检查。

2）对直接空冷系统包括主排汽管道、蒸汽分配管、空冷凝汽器、与其相连的凝结水管道等，可加装隔板对其打风压，进行气密性试验，并达到合格水平。

第五节　凝汽器散热面的维护

凝汽器散热面的维护主要是指对凝汽器散热翅片的维护，维护内容主要有两部分，①防止散热翅片的损坏；②保证空冷凝汽器散热器管束翅片的清洁度。

散热器翅片损坏的原因主要是在安装、检修和冲洗过程中发生碰撞造成，一般情况下很难更换。所以在检修和冲洗过程中必须严格检修工艺，做好防护措施。散热翅片的损坏如图 6-3 所示。

图 6-3　翅片的损坏

以某发电公司为例。机组投产第二年入夏后，发现机组背压不同程度偏高，就地查看空冷凝汽器散热器管束翅片内污垢较多，5 月开始对 7 号机空冷凝汽器散热器管束翅片进行了冲洗，没有冲洗 8 号机组，在保证 2 台机组各项参数基本相同，2 台机组空冷变压器有功功率基本一致的工况下，排除 8 号机空冷风机冷却能力不足的因素，对两台机组空冷凝汽器的传热效果进行对比，对比数据见表 6-2。

表 6-2　　7、8 号机背压、环境温度、机组负荷变化背压偏差

机组负荷	环境温度	运行平均背压		两机背压偏差	机组负荷	环境温度	运行平均背压		两机背压偏差
		7 号机	8 号机				7 号机	8 号机	
MW	℃	kPa	kPa	kPa	MW	℃	kPa	kPa	kPa
350	15.9	8	8	0	548	27.3	20.9	29.9	9
350	22.4	9.2	10.1	0.9	560	29.1	29.8	34.5	4.7
390	20.4	10.2	10.5	0.3	590	19.6	17.3	21.9	4.6
420	14.9	9	10.8	1.8	600	17.2	16.4	21.1	4.7
450	14.7	9.8	11.9	2.1	600	17.8	17.2	21.9	4.7
485	25.6	29.1	30.7	1.6	600	17.8	17.4	21.8	4.4
497	22.9	16.8	19	2.2	600	18.1	17.3	21	3.7
500	14.9	11.1	14	2.9	600	18.3	16.3	22.7	6.4
500	16.4	11.3	14.5	3.2	600	20.1	18.1	24.3	6.2
500	23.4	16.9	18.3	1.4	600	21.2	18.9	25.7	6.8
500	24.7	17.3	20.5	3.2	600	21.9	20.2	27.1	6.9
500	26.3	26	31.3	5.3	600	23.6	18.8	22.7	3.9
500	27.6	21.1	27.7	6.6	600	23.7	20.6	25.1	4.5
548	15.9	12.9	16.5	3.6	600	25	23.6	31	7.4

从表 6-2 可以看出，背压偏差最大时可达到 9kPa。由此可见空冷凝汽器散热器翅片污染对机组经济性的影响相当严重。必须定期对空冷凝汽器散热器管束翅片进行冲洗维护，以提高空冷凝汽器的工作效率和机组的运行效率。

1. 判断空冷凝汽器散热器管束翅片是否需要冲洗的方法

（1）观察法。进入空冷凝汽器三角形内观察其透明度，从散热片外部看其散热翅片的脏污程度，也可用木棒轻打其管束看是否有尘土飞扬。

（2）比较法。建立机组投运后历年定期冲洗后的背压、环境温度、负荷作为原始数据库。以当前机组运行的背压、环境温度、负荷进行比较，当环境温度、负荷相同时，若对应机组背压高于原始值 2kPa，就应对空冷岛进行冲洗。

（3）相邻机对照法。在风力不大的前提下，2 台机组同时运行，选取不同的时间段进行对照。当负荷相同时两台机组背压偏差大于 2kPa，应对背压高的机组进行冲洗。

（4）单机对照法。根据本机各排凝结水温度，当凝结水温度差超过 1℃时，对温度高的散热管束进行局部冲洗。

2. 空冷凝汽器散热器管束翅片冲洗的方式

现阶段冲洗空冷凝汽器散热器管束翅片最直接有效的方法就是对翅片用高压水进行冲洗。为防止结垢，通常使用高压力的除盐水进行冲洗。通过冲洗可以有效地去除附着在散热翅片间的污染物，从而提高空冷凝汽器散热器管束翅片的通风散热

能力。

（1）冲洗的形式。

1）定期冲洗。每年要在入夏前对凝汽器进行一次彻底冲洗，为夏季带负荷做好准备。

2）不定期冲洗。根据机组的实际情况及散热片的脏污程度对其进行不定期全部或局部冲洗。

（2）冲洗的时间。为了保证在高温大负荷期间空冷机组安全满发，空冷凝汽器散热器管束翅片的冲洗工作要提前进行。由于各电厂所处的地域不同，环境温度也都不同，冲洗的时间与冲洗的次数也不尽相同，一般冲洗时间以各地结束冰冻期为准，至少要保证在迎峰度夏前对所有空冷凝汽器散热器管束翅片都冲洗一次。

单台机组冲洗一次约需要 10 天，冲洗用除盐水约 5000t。时间安排在每年 3 月中旬进行定期冲洗，至 4 月上旬结束。由于每年的第一次冲洗前，空冷凝汽器散热器管束翅片已经过几个月使用，翅片内部污染非常严重，且在此时间段内环境温度相对偏低，所以第一次冲洗时不分昼夜，连续不间断地进行冲洗。从 4 月中旬开始进行间断冲洗方式，此时间段环境温度已逐渐进入高温期，为了不发生冲洗时因停运空冷风机，机组背压升高影响带负荷，尽量安排在夜间低负荷段进行冲洗。冲洗车如图 6-4 所示，图 6-5 所示为未冲洗的空冷凝汽器散热器管束翅片，图 6-6 所示为冲洗后的空冷凝汽器散热器管束翅片。

图 6-4　空冷凝汽器散热器冲洗车

3. 空冷凝汽器散热器管束翅片冲洗的注意事项

（1）防污闪。国内的直接空冷机组主变压器、高压厂用变压器大部分安装在空

图 6-5　冲洗前的空冷凝汽器散热器管束翅片

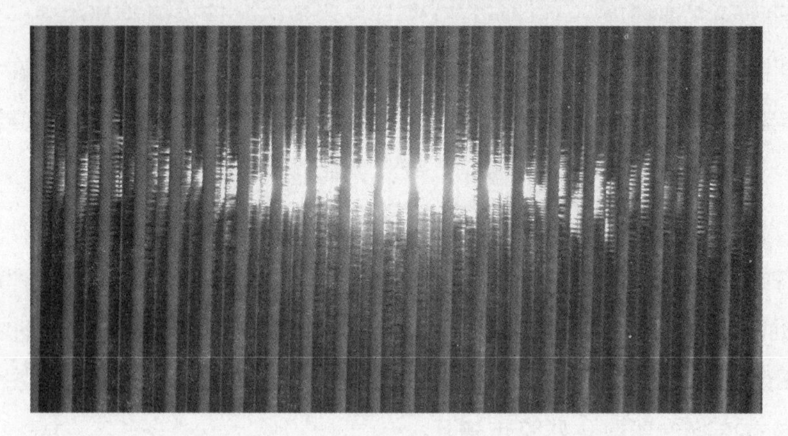

图 6-6　冲洗后的空冷凝汽器散热器管束翅片

冷岛下方。空冷冲洗时，要防止冲洗的污水流淌在下面的电气设备上造成污闪，冲洗时必须对电气设备做好防护措施。冲洗时的落水现象如图 6-7 所示。

图 6-7　冲洗时的落水现象

（2）防结冰。虽然空冷冲洗工作要求在冰冻期结束后进行，但由于春季气温变化较大，尤其是在夜间低温时段，要防止冲洗的污水流淌在下面的电气设备上发生结冰现象，一旦发现结冰现象应立即停止冲洗。

（3）防二次污染。北方地区在春季扬沙天气较多，冲洗工作进行时尽量避开扬沙和浮尘天气，避免散热器表面着水后吸附灰尘造成二次污染。

（4）防电气设备受潮。由于冲洗的除盐水有一定的压力，要防止污水喷射在空冷风机的电动机上造成短路。冲洗时可用塑料布对电机接线盒处进行包裹遮挡，如图 6-8 所示。

图 6-8　防电气设备受潮

第六节　空冷凝汽器冷却风机的维护

空冷凝汽器冷却风机是直接空冷系统的核心部件，主要由电动机、减速机、风叶和变频调节装置四部分组成。空冷风机能否安全稳定的运行直接关系到机组的安全、经济运行。要使风机安全稳定的运行，日常运行中的维护是必不可少的。

一、电动机的维护

日常运行中要加强对电动机的检查，如检查绕组温度、振动是否正常，电动机声音是否正常。特别是在夏季高温高负荷工况下，必须注意两点：①要注意电动机的温度和电流变化，绝对不允许超负荷运行。杜绝风机因电动机温度高、超电流运行而导致的保护动作或电动机损坏事故的发生。②电动机及接线部位做好防水措施，防止在高负荷时投入尖峰冷却系统或冲洗时发生短路。

二、减速机的维护

日常运行中减速机的检查主要包括：检查减速机的声音是否正常、减速机的油位是否在正常范围内、油质是否合格、减速机箱体无漏油，以及减速箱机内电加热系统是否良好。

（1）正常运行中减速机内应无摩擦和异常声音，如果运行中发现减速机内声音异常，应立即停运风机，进行解体检修。

（2）运行中减速机油箱油位偏低会造成减速机油温升高，当油位降到最低安全值时，润滑油压低或润滑油流量低保护装置将动作，空冷风机掉闸，缺油严重时将会发生减速机齿轮损坏等事故。所以运行中要定期检查减速机油位，发现减速机油位低时一定要及时将油位补至规定范围内，同时注意油位也不能过高，过高也会造成减速机油温升高。补油时一定要使用专用设备，避免杂物带入油箱。

（3）运行中如发现减速机有漏油现象应及时处理，防止发生由于缺油造成的减速机损坏事故。

（4）由于空冷系统多应用于北方高寒地区，冬季有部分空冷风机停运。停运后风机变速箱内的润滑油处于不流动状态，温度将会接近环境温度，当停运风机再启动时，油温过低会导致润滑不理想，甚至损坏减速机。因此在减速机内加装的自动电加热装置必须正常投入，避免因电加热不能自动投入，而导致的润滑油温过低、滑润不良损坏减速机，同时也应避免因自动加热装置不能自动退出持续加热而导致减速机油质恶化现象的发生。

（5）注意减速机呼吸干燥器检查。日常检查中若发现呼吸器颜色发生变化，应及时更换呼吸器干燥剂。

三、风机的维护

风机正常运行时要注意风机的振动情况，要定期巡视检查风机运转是否正常，用振动表测量风机振动值并记录下来，定期分析其变化趋势，以便及时发现问题。在风机停运检修期间，应认真检查风机叶片是否松动或存在裂纹，发现问题一定要及时处理，避免因某个叶片裂纹断裂而导致其他叶片的损坏。

正常运行中，在风机启动前应就地检查风机没有反转后方可允许启动，如果风机反转时启动，启动力矩较大，易导致减速机或电动机的损坏。当发现风机反转时，应降低相邻风机的转速，待要启动的风机停转后再启动风机。

四、变频器的维护

每台空冷风机都配备了一套变频装置，可以根据机组的运行工况在一定的转速范围内自由调节空冷风机转速，以达到调节运行背压值和节能的目的。在夏季环境温度较高的工况下，变频器如果长时间满转速的运行，极易发生变频装置机柜温度过高导致保护装置动作跳闸。为了避免此类事件的发生，夏季高温大负荷时应加强变频室空调及通风系统的检查，注意变频室内温度的变化。应定期对变频室内空调及通风设施进行清扫，以达到强制制冷的目的。

第七节　直接空冷凝汽器的冬季防冻

进入冬季后，尤其在夜间低峰时，机组会在低温低负荷工况下运行。空冷系统部分凝汽器管束也容易受冻结冰，如果不采取有效措施，就会造成空冷凝汽器散热器管束内结冰，严重时会发生管束破裂事件，还会严重威胁到机组的安全和经济运行。因此，冬季空冷系统防冻工作是机组冬季运行的主要工作，必须加强相关参数分析、判断，加强设备巡回检查工作，做到万无一失。

进入冬季，北方地区环境温度多在0℃以下。在机组处于低负荷运行时，由于蒸汽流量很小，当蒸汽由空冷凝汽器进汽联箱进入冷却管束后，在由上而下的流动过程中，冷却管束中的蒸汽与外界冷空气进行热交换后不断凝结。由于环境温度远远低于水的冰点温度，凝结水在自身重力的作用下，沿管壁向下流动的过程中，其过冷度不断增加，当到达冷却管束的下部（即冷却管束与凝结水联箱接口处）时达到结冰点产生冻结现象。在冷却过程中蒸汽不断凝结并不断在冷却管束的下部冻结，出现了北方地区进入冬季的“井口”冻结现象，使冷却管束与凝结水联箱接口处被全部冻结，从而造成冷却管束内的蒸汽发生滞流，最终使冷却管束冻坏。另外，即使空冷凝汽器内的蒸汽流量在其设计值之内，如果调整不当或负压系统（机侧和空冷凝汽器）漏真空量过大，直接空冷系统中漏入的过量空气在冷却管束内对热蒸汽形成阻滞，会降低冷却管束内热蒸汽的流动速度，严重时将会形成滞流，在冷却空气量过量的情况下，导致散热器局部冷却管束内凝结水过冷结冰，出现上述冻结现象。

一、导致直接空冷凝汽器散热器管束冰冻的原因

（1）设计不合理。设计 K/D（顺流区冷却面积/逆流区冷却面积）结构不当，在严寒地区 K/D 值过大。

（2）蒸汽流量低。在环境温度低于 0℃时，空冷凝汽器内的蒸汽流量小于其设计值。

（3）冷却风量大。在环境温度低于 0℃时，冷却介质空气流量过剩。

（4）系统缺陷。空冷机组负压系统泄漏量超标、空冷凝汽器冷却风机控制不当。

（5）运行人员操作不当。没有保证背压在安全范围内，空冷凝汽器风机投停顺序不当，导致凝结水自然流动不畅，形成死区。

（6）水环真空泵出力不足。在逆流区管束抽气口处由于剩余蒸汽与不凝结气体量很小，在此处形成过冷发生冻结。

二、正常运行中防止空冷凝汽器散热器冰冻采取的措施

（1）如果条件允许，尽量提高机组负荷。

（2）可以适当提高机组背压。

（3）合理调整通风量。根据环境温度的变化调节空冷岛通风量，在低温时减少通风量，保证空冷凝汽器出口凝结水过冷度在 2～4℃。

（4）正确投运系统防冻保护程序。

（5）提高水环真空泵出力或增开真空泵。

（6）机组在低负荷或空负荷时。空冷凝汽器进汽量太低，应关闭隔离阀，将部分冷却单元隔离出来，以确保运行冷却单元的蒸汽流量在其设计流量之内，防止凝结水过冷度太大造成冻结。

（7）在环境温度极低的情况下可以通过给散热器增加保温设备来防冻，如用棉被覆盖。

三、空冷凝汽器散热器防冻注意事项

（1）对隔离阀的操作。虽然关闭隔离阀是很有效的防冻措施，但前提是一定要保证隔离阀的严密性。如果隔离阀不严密会使少量的排汽漏入散热器内，反而容易产生冰冻。

（2）如果需要手动停运行风机时应先停顺流单元风机，后停逆流单元风机，投运时的操作相反，确保凝结水自然流动畅通。

第八节　供热期间机组的运行和维护

供热抽汽均是从汽轮机低压导汽管上打孔，引出蒸汽管道的，在供热期间汽轮机的最危险点是中压转子末级叶片弯应力，若中压排汽压力过低或过高将严重威胁中压转子末级叶片的安全。运行中中压排汽压力的控制是保证机组供热期间机组安全运行的重要手段，另外还必须解决在严寒期供热和空冷凝汽器的防冻间的矛盾。由于供热系统抽气参数高、管道长，为防止甩电负荷后抽汽管道内蒸汽倒灌至汽轮机引起汽轮机超速，抽汽管道上除按常规要求设置一个止回阀及一个电动阀外，还应串联一个快速关断阀。甩热负荷信号联动快速关断阀与抽汽止回阀快关，快速关断阀采用液压控制结构，甩热负荷时可维持锅炉工况不变，可将供热工况快速、可靠地转变为纯凝汽工况。甩热负荷信号联动抽汽管道上抽汽快关阀与止回阀快关，迅速切除供热抽汽；同时联动 1、2 号低压缸抽汽快开调节阀快开，使抽汽快速进入低压缸做功，将供热工况转为纯凝汽工况。联通管上设有安全阀，可防止中压排汽压力过高，而引起中压末级叶片损坏，因此供热设备必须安全、可靠，供热改造系统见图 6-9。

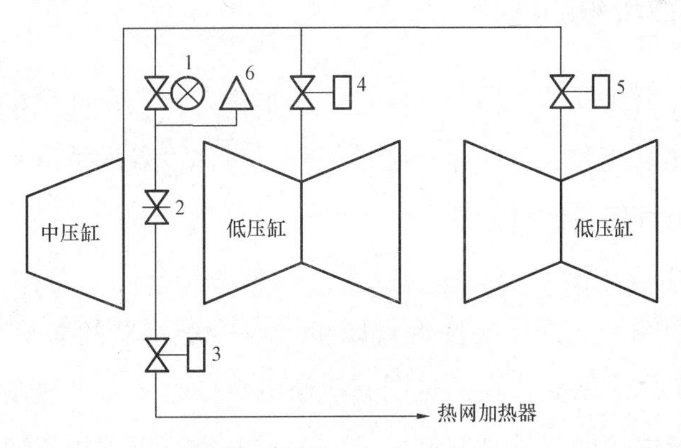

图 6-9　供热系统图

1—供热抽汽电动阀；2—供热抽汽止回阀；3—供热抽汽快关阀；4—1 号低压缸供热抽汽快开调节阀；5—2 号低压缸供热抽汽快开调节阀；6—供热抽汽安全阀

一、供热改造后对机组运行的影响

（1）供热期间机组带电负荷的调度方式发生了变化。在冬季供暖期间，机组由原来的纯凝汽发电转变为供热、发电两种功能。当供热和发电两者发生矛盾时，就应当明确“以热定电”的原则。电网电负荷应当服从热力网热负荷的需求，事实上对于大型机组供热期间不参与电网调峰是不现实的，这就要求供热负荷的大小要在保证电负荷前提下完成。

（2）供热运行期间锅炉蒸汽流量将较长时间在最大主汽流量状态下运行，会带来锅炉各受热面的磨损增大、各风机及磨煤机的出力增大等问题。

（3）汽轮机凝结水泵流量将减少，由于低压缸排汽减少凝结水量大幅度减少，使凝结水运行调整发生变化。

（4）由于低压缸排汽量减少，空冷凝汽器的进汽量减小空冷凝汽器散热器管束的防冻问题比较突出，尤其是夜晚电网调峰困难，供热机组也面临降负荷，随着电负荷的减小热负荷也会相应减小。

（5）主机低压缸排汽流量减少将使五、六、七级抽汽工况发生变化。

（6）机组运行中甩热负荷后，供热工况快速转变为纯凝汽工况，热负荷将快速转变为电负荷。

二、供热期间机组的维护

供热期间空冷凝汽器的防冻工作将进一步增强，供热期间除机组的正常维护工作外还应新增供热系统和设备的运行维护工作，供热设备的故障和检修将直接影响到机组的安全运行和供热的可靠性。

1. 空冷凝汽器的防冻

机组在供热期间由于低压缸排汽量减少，空冷凝汽器的防冻工作变得更加困难，且空冷防冻工作量增大。在供热期间机组电负荷是确保供热及空冷凝汽器不结冰的关键，机组带供热后，供热抽汽量一定要和电负荷要求相匹配，同时必须保证最低空冷凝汽器进汽量。为确保供热和空冷凝汽器的防冻，在环境温度低的情况下，可以提高机组运行背压，牺牲一定的机组经济性，但绝不能出现空冷凝汽器大面积结冰的现象。

2. 供热设备的维护

（1）供热抽汽止回阀维护。因机组供热抽汽管道长，为防止因甩负荷和汽水倒流或控制系统失灵而造成机组超速设备损坏事故的发生，抽汽系统安装速关止回阀，起到保护作用，并要求快速关闭时间小于或等于0.5s，速关止回阀采用气动控制方式，必须定期活动，并确保空气压力不低于0.5 MPa。

（2）供热抽汽快速关断阀的维护。抽汽止回阀后应串联安装快速关断阀，起到保护作用。快速关断阀采用三偏心金属结构，可确保关闭严密性，全液压快关调节系统采用蓄能器来储备液压能，快关时蓄能器释放液压能并通过油缸和齿轮传动机构迅速关闭阀门，其快速关闭时间全行程小于或等于0.8s（包括缓冲时间），为确保机组安全，该阀采用失电快关方式，运行中为防止该门卡涩要定期对其进行活动试验，要经常检查就地液压油站油位不低于1/2，控制油压力为12～16MPa。

（3）低压缸进汽快开调节阀的维护。1、2号低压缸进汽导管两个快开调节阀具有慢开、慢关及快开调节功能采用电控控制，该阀利用弹簧来储能，快开时弹簧释放能量快速开启该阀，该阀采用失电后快开方式，其快开时间小于或等于0.5s。正常供热后运行中的调节阀用于满足调整供热抽汽流量和中压缸排汽压力，控制供热时主蒸汽流量对应下的中压缸排汽压力与纯凝工况时主蒸汽流量对应的中压缸排汽压力相一致，运行中要经常检查快开调节阀指令与实际阀位一致。特别要注意为保证空冷岛的防冻通汽流量，随着供热量的增大，快开调节阀关闭不得小于该阀最小过汽量。该阀无论是快速全开和全关对机组都有一定的影响，要经常检查就地液压油站系统的油位不低于1/2，控制油压力为11.2～14MPa。

第七章

直接空冷机组的停运

第一节 直接空冷机组停运

机组的停运是指从汽轮机带负荷运行状态到减去全部负荷、锅炉熄火、关闭汽轮机进汽门、解列发电机、汽轮发电机惰走、投入盘车装置的过程。机组停运可分为正常滑参数停机和故障停机两种。

正常停机是根据电厂申请，由电网计划安排有准备的停运。由于停机的目的不同，在运行操作方法上也不同。由于锅炉、发电机及相关辅助设备存在的缺陷需要停机处理的，一般不需要将汽轮机缸温降太多，因此采用额定参数停机。额定参数停机即在减负荷过程中，使新蒸汽参数通常维持在额定值不变，通过关小调节阀减少进汽的方法减负荷。额定参数停机即使是负荷减得较快，也不会产生较大的热应力，且可在很短的时间内均匀地将负荷减到零。机组计划大、小修或停机后汽轮机必须停盘车的工作，一般希望停机后汽轮机金属温度降低到较低的温度水平，这时采用滑参数停机。滑参数停机就是在停机过程中，使汽轮机进汽调节阀保持全开，调整锅炉燃烧，使新蒸汽压力和温度逐渐降低，将机组负荷逐渐减到零。滑参数停机过程中，调节阀保持全开，通流部分通过的是大流量、低参数的蒸汽，各金属部件可以得到较均匀地冷却，逐渐降到较低的温度水平，热应力和热变形相应地保持在较小的状态内。用这种方式停机的目的，是要使停机后，汽缸的金属部件均匀冷却，金属温度降低到较低的水平，以便可以提前停止盘车和油循环，能够提前进行检修，缩短检修工期。

如果电力网突然发生故障或运行设备发生严重影响机组安全的缺陷，机组必须迅速解列，甩掉所带的全部负荷，称为故障停机。故障停机又分为一般停机和紧急故障停机。当发生的故障对设备、系统构成严重威胁时，必须立即将汽轮发电机组解列并破坏真空进行紧急故障停机。一般故障停机可按规程规定将机组停下来，不必破坏真空。在事故情况下，机组停用操作时十分迅速，这就必须依赖可靠的热工自动控制和运行人员的准确判断及熟练操作。

一、机组的正常滑停

为了保证机组正常的安全停运，停运前的准备工作是机组能否顺利停下来的关键。在机组停运前，运行人员应了解停机的目的和停机方式。根据需要，机组需要采取特殊的停运方式，则应制定相关的现场指导实施方案。机组准备停机时，应及时联系化学、燃料、灰硫各运行岗位，全面检查系统，对设备缺陷进行记录登记，做好停机准备。

1. 停运前的准备工作

(1) 机组停运前对锅炉的要求。①对锅炉燃油系统做一次全面的检查，确认燃油系统工作良好，以便随时投用；②停炉前对等离子系统检查正常，并试验等离子拉弧正常；③各受热面进行一次全面吹灰；④校对汽包上、下水位；⑤进行定期排污一次；⑥确保滑停过程中锅炉燃烧稳定。

(2) 保证停运过程中、盘车时轴承的润滑及轴颈的冷却，要做好交、直流润滑油泵、顶轴油泵、盘车电动机启动试验，油泵不正常必须先检修好，否则不允许停汽轮机。

(3) 冬季要做好供热的切换工作，将本机带的供热负荷根据需要倒换邻至机或其他机组。

(4) 自动主汽阀和调速汽阀活动试验，活动行程为 10%～15%。自动主汽门及调门应动作灵活，无上下卡涩现象。

(5) 若机组阀位控制采用“顺序阀”控制时，在机组准备滑停前应切换至“单阀”状态。

(6) 将要停运机组所带公用系统、轴封备用汽源或相关设备切至邻机带。

2. 机组停运减负荷过程参数的控制

滑参数减负荷过程必须按照厂家提供的机组负荷变化曲线，进行降压、降温、减负荷。在滑参数停机过程中为了不使汽缸热应力超越允许限度要求。

(1) 主、再热汽温下降速度小于 1℃/ min。

(2) 汽缸金属温度下降速度小于 1℃/ min。

(3) 主蒸汽、再热蒸汽温度过热度大于 56℃。

(4) 滑停过程中主汽压力下降速度应控制在 0.02～0.05 MPa/min，最大不超过 0.1MPa/ min。

（5）再热蒸汽温度应同主蒸汽温度同步下降并匹配。

3. 减负荷操作步骤

（1）将负荷减至80%～90%额定负荷，并把蒸汽参数降到与负荷相对应的数值，随着参数的下降逐渐全开高压调门。

（2）负荷降至50%后，主蒸汽温度降至500℃，在此负荷下稳定运行30min后逐渐降低蒸汽参数。

（3）机组负荷降至50%时，要检查完成如下工作。

1）检查辅助蒸汽联箱汽源是否切换至邻机，同时应维持辅助蒸汽联箱压力大于或等于0.4 MPa，关闭本机四级抽汽供、辅汽联箱门。

2）停运一台给水泵。

3）冬季滑参数停机期间，应将空冷凝汽器带隔离阀排的空冷风机全部停运，并根据环境温度情况关闭其隔离阀。

（4）滑参数停机过程中，应密切注意监视汽轮机高压转子及汽缸胀差和低压转子及汽缸胀差、轴向位移的变化趋势。

（5）在滑参数停机过程中注意各高、低压加热器汽侧水位的变化并做好调整工作。

（6）在冬季滑参数停机过程中，必须加强对空冷凝汽器散热管束及下联箱凝结水温度的监视，停运部分空冷风机，控制凝汽器背压不低于15kPa。

（7）当机组负荷降至25%时，注意高、低压加热器水位变化，必要时打开加热器紧急疏水阀，防止加热器满水。

（8）四级抽汽压力降至0.147MPa时，四级抽汽电动门联关，除氧器汽源作为辅助汽源且压力正常，注意高压加热器水位。

（9）当负荷降到20%时，确认汽轮机中低压组疏水阀自动开启，若没有开启则手动开启。

（10）负荷降至10%时，检查完成下列工作。

1）确认高压疏水阀控组自动开启。

2）排汽缸温度大于80℃时，打开低压缸喷水阀，进行排汽缸喷雾降温。

（11）当高压缸第一级和中压缸隔板套温度下降到要求的停机温度时，准备打闸停机。应遵循炉灭火→汽轮机打闸→发电机解列的顺序。

（12）汽轮机打闸后检查完成下列工作。

1）汽轮机打闸后应确认高中压主汽门、调节汽门，以及各段抽汽止回门、抽汽电动门，高压排汽止回门关闭严密。

2）打闸后检查润滑油泵连锁启动，且电流、油压正常。

3）当机组转速降至2000r/min时，确认顶轴油泵连锁启动，各轴承顶轴油压大于5MPa。

4）注意倾听机组惰走期间通流各部声音。发现异常及时汇报。

5）机组转速为400r/min时，关闭所有至疏水扩容器的疏水门（包括高压侧及低压侧成组控制的各个阀门）。

6）汽轮机惰走转速到300r/min以下后，打开真空破坏门，停止真空泵运行。

7）转速到零，及时投入盘车装置，记录惰走时间。

8）真空到零后，停止轴封冷却风机运行，同时停止轴封供汽。

（13）汽轮机盘车期间的工作。

1）维持润滑油温21～35℃范围。

2）检查各轴承顶轴油压及轴承金属温度应正常。

3）检查并做好防止汽轮机进冷汽、冷水的工作。

4）汽轮机在盘车期间，应密切注意监视汽缸上下金属的温度偏差和盘车电流，以及大轴晃度的变化。

5）冬季机组停运后应做好补充水箱及厂外设备的防冻工作。

（14）机组停运后。若发电机内有氢气，必须保持盘车装置和密封油系统运行，维持密封油与氢气差压为0.084MPa。

（15）高压缸第一级金属温度低于150℃，同时中压缸隔板套金属温度低于180℃时可停止盘车，盘车停止后，方可停止顶轴及润滑油泵。

二、停机后盘车期间的注意事项

汽轮机打闸后，应检查高、中压主汽门和调节汽门、各级抽汽止回门，以及高压排汽止回门关闭严密。因工作需要或盘车故障而停止连续盘车，当盘车停止后应做好转子位置的标志，记录停止时间及当时挠度。在重新投入盘车时，应先翻转180°后，停留时间为上次停盘车到启盘车时间的一半，方可恢复连续盘车。盘车电动机故障造成不能电动盘车时，应查明原因尽快消除，并设法手动每30min盘车180°。如果由于其他原因造成盘车不动，禁止用机械手段强制盘车或强行冲转。

三、直接空冷凝汽器系统停运

(1) 直接空冷机组在非防冻期间停机时基本上与常规的湿冷机组相同，但随着机组负荷降低，要注意防止汽轮机在阻塞背压附近运行。在停机过程中，应视机组负荷及凝汽器背压值来控制空冷风机的转速及停止空冷风机的个数。

(2) 应尽量避免在冬季极端寒冷和恶劣的气象条件下进行滑参数停机工作。如果停机，不要刻意追求较低的汽缸金属温度，这样做能够保证空冷凝汽器的进汽量，有利于防冻工作。冬季滑参数停机过程中，为了避免空冷凝汽器内部大量结冰，负荷控制应根据空冷凝汽器防冻所必需的最小热量进行控制，通过适当提高机组背压和旁路系统的开度配合实现。对于汽轮机而言，较大的蒸汽量有利于汽缸金属的冷却。根据目前已投产的直接空冷机组情况来看，从空冷凝汽器防冻最低热量理论上折算出的运行机组负荷一般都高于40%额定负荷，基本上可以满足冬季最小防冻热量的要求。值得注意的是，从理论折算出来的负荷是指各个散热器之间的平均热量，空冷凝汽器不可避免地存在热力和蒸汽流量分配不均的现象，造成部分散热管束分配的热流量小于平均热流量，这种现象必须在冬季应引起足够重视。

(3) 空冷凝汽器冷却风机的停运应采用先顺流后逆流的方式来进行。遇严寒期停机应先将带隔离阀的空冷凝汽器冷却风机全部停运，并关闭其空冷凝汽器配汽管道进汽端的隔离阀，以保证可以隔离出部分冷却单元，满足防冻需要。对于供热机组，还应提前将供热负荷切换到其他供热机组。

(4) 若停机后需要较低的汽缸金属温度时，就需要投入旁路系统参与配合，来防止滑停过程空冷凝汽器受冻。滑停过程中，当汽轮机排热量接近空冷凝汽器防冻最小热量时，应当考虑先将旁路系统投入。投入旁路系统需要解决高压缸的鼓风问题，同时还要受到高压缸压比的限制，所以高压旁路调节阀的开度，以及旁路减压减温后的温度应受高压缸排汽参数的限制，同时还应当将高压缸排放阀（具有中压缸启动功能的机组和直接空冷机组均设计有此阀门）打开。使高、中压缸的金属温度进一步降低。但要注意的是投入旁路系统参与机组滑停时，一旦锅炉燃烧发生变化，旁路就会进行调节反过来影响锅炉燃烧的调整，使运行操作量增大。

四、机组快冷

充分发挥机组的效益，提高机组的可用率，缩短检修工期是一项重要措施。由于机组采用了良好的保温材料，汽轮机金属部件在停机后的冷却速度减慢，从而延

长了检修工期。按要求高压缸金属温度下降到150℃才允许停盘车，进行检修工作。采用滑参数停机，600MW级机组停机时一般高压缸金属温度滑到300℃左右，自然冷却到150℃需要时间约160h。投入快冷装置后可缩短汽轮机停机后汽缸自然冷却时间，尽快停止盘车，给汽轮机本体及轴承等设备检修创造开工条件。

1. 快冷装置的投退规定

(1) 当调节级和中压隔板套金属温度降低至350℃及以下后，允许投入汽轮机快速冷却装置。

(2) 滑参数停机后，汽轮机必须在连续盘车状态下运行至少1h，充分消除热弯曲。检查确认各汽缸上下进水检测温度差、盘车电流、挠度均在规定范围且稳定后，方可投入快冷装置。

(3) 投入快冷时汽轮机必须在盘车状态。投入后如果发生盘车掉闸，必须立即停止快冷，关闭压缩空气总门并停止电加热，查明盘车掉闸原因。原因不清时，禁止再次投入快冷。

(4) 快冷装置投入前，应确保两个真空破坏阀已全部打开，使进入低压缸的冷却空气及时排出。

(5) 在快冷系统投入过程中，主机润滑油温控制范围为21～35℃。

(6) 为确保快冷系统内的清洁度，防止杂物吹入汽缸内，每次投入快冷前，必须对快冷系统压缩空气管路进行分步吹扫，吹扫压力为0.5～1.0MPa。

(7) 快冷空气加热柜出口设定温度要以汽缸金属温度最高点为标准。

(8) 根据调节级金属温度、中压隔板套温度，压缩空气经过预热及暖管至高中压供汽联箱就地温度显示满足要求后，方可将压缩空气导入高中压汽缸。汽缸进汽初期快冷加热柜出口空气温度应尽量接近缸温，见表7-1。

表7-1　压缩空气进气温度与汽缸温度匹配控制值

序号	调节级（或中压隔板套）金属温度（℃）	快冷加热柜出口空气温度与调节级（或中压隔板套）温差（℃）	汽缸温降控制速率（℃/h）
1	300～350	＜50	＜2
2	250～300	＜80	＜3
3	200～250	＜100	＜5
4	＜200	＜120	＜8

(9) 为防止缸温反弹汽轮机本体，所有监视点金属温度降低至130℃以下时，方可停止强制冷却。

2. 快冷装置投运中注意事项

(1) 快冷装置在投运期间，每隔 1h 对汽水分离器放水 1 次。

(2) 随时调整进入汽缸空气温度与汽缸对应值。

(3) 快冷装置投运期间，汽轮机转子必须处于连续盘车状态且任何时候汽轮机大轴偏心率与原始值偏离不超过 0.02mm。否则应暂停快冷。

(4) 快冷装置投运期间，如出现调端胀差接近报警值，必须停止快冷装置。

(5) 快冷装置投运期间，应设专人对高、中压汽缸各部金属温度及下降速率、调端和电端胀差、轴向位移、汽缸膨胀、汽轮机偏心进行严密监视，不超规定值。

第二节　直接空冷机组停运后的保养

机组在停运后，除对汽轮机及其附属系统进行停机后的维护、防冻等相关操作外，同时还应进行必要的防护、保养措施，以避免设备或系统在停（备）用期间损坏。

一、热力设备停（备）用保护原理

(1) 阻止空气（氧气）进入热力设备的水汽系统内部。

(2) 降低热力设备水汽系统内部的湿度。

(3) 加入钝化缓蚀药剂，使金属表面生成保护膜，或除去水中溶解氧。

二、汽轮机及相关设备的防锈蚀方法

1. 汽轮机防锈蚀方法

(1) 热风干燥法。停机后隔离全部进入汽缸和凝汽器汽侧的汽水系统，排净汽缸和抽汽管道积水，当汽缸金属温度降至 80℃以下时，向汽缸内送入 70℃的热风，汽缸内风压应不小于 0.04MPa。定时测定从汽负荷排出气体的湿度应低于 70%室温值或等于环境温度相对湿度。

(2) 干燥去湿法。适用于周围湿度较低（大气湿度不高于 70%），缸内无积水的汽轮机封存保养。停机后先经热风干燥法干燥合格后，汽缸内放入干燥剂。保养期间应经常检查干燥剂吸湿情况，发现失效应及时更换 。放入的干燥剂并记录数量，解除保养时必须如数取出。

2. 高压加热器的防锈蚀方法

（1）充氮保养。加热器水侧泄压放水的同时冲入氮气，排净存水后，氮气压力达 0.05 MPa 时停止充氮。加热器汽侧压力降至 0.5 MPa 时充入氮气，排净疏水后，氮气压力稳定在 0.5 MPa 时停止充氮。保养中发现压力下降 ，应查明原因及时补充。使用的氮气纯度以大于 99.5%为宜，最低不得小于 98%。

（2）氨联胺保养法。停机后加热器汽侧压力降到零，水侧温度降至 100℃时放尽积水，充入联胺含量为 200mg/L 的溶液封闭加热器。

3. 其他设备的防锈蚀方法

（1）除氧器、低压加热器、冷油器水侧长期限停用保养时应排净积水，清理干净后用压缩空气吹干。空冷凝汽器采用打开人孔风干的方法。

（2）转动辅机做长期停用保养时，应解体检查，按有关规定防护处理后装复。

（3）长期停用的油系统应定期进行油循环，活动调节系统。

（4）冬季机组停运后，应注意执行防冻措施特别是室外可能会造成冻结的设备与系统，采用放水或定期启动的方法。

三、电厂常用的防腐保养措施

1. 停运在 10 天以内的保养措施

（1）隔绝可能返回汽机内部的汽、水系统，并开启主、再热蒸汽管道、抽汽管道、旁路及本体所有疏水阀。

（2）隔绝与公用系统连接的汽、水、气阀门，并放尽其内部余汽、余水、余气。

（3）放尽凝汽器热井、循环水进、出水室、加热器汽侧及各水箱、管道内的存水。

（4）除氧器、加热器水侧采用湿储存保养。

（5）保持润滑油净化系统的连续运行，若油温大于 70℃应停止运行。机组抗燃油系统的冷却再生泵连续运行，若油温大于 60℃应停止冷却再生泵运行。

（6）无特殊情况应保持主、辅机交流润滑油泵运行，但要控制主油箱油温不超，超过 70℃停止运行。

（7）保持润滑油净化系统随主机润滑油系统运行方式连续运行，注意监视系统运行情况。当油温大于或等于 60℃ ，应停止油系统运行。

（8）保持主机调速系统抗燃油过滤泵连续运行，注意监视系统运行情况，当油箱油温大于或等于60℃时，停止过滤泵运行。

(9) 在交流润滑油泵保持运行的条件下，每天投运盘车30min，做好转子偏心度记录。密封油可由润滑油系统供应。

(10) 在冬季，若上、下缸温差大，则应关闭汽缸本体疏水阀、全关抽汽管道、主再热汽管道疏水阀。下缸穿堂风大，应设专用遮拦，保温层不好应修复。

(11) 冬季机组停运后，应注意执行防冻措施，特别是当汽机房室温可能低于5℃或室外会造成冰冻的情况下，有关设备与系统应采用保温、放尽剩水或定期启动等方法，以防止设备损坏。

2. 停机超过10天的保养措施

(1) 加热器汽、水侧，除氧器水箱和轴封加热器水侧进行充氮保养，氮气压力维持在30kPa。

(2) 所有停运设备和系统内的剩水应全部放尽。

(3) 汽轮机本体及与之相连的管道和轴封系统采用仪用空气连续吹扫保养。

(4) 主机润滑油、盘车系统采用每周投运一次的方法保养，操作方法如下。

1) 定期对主油箱进行底部放水工作，对主机主油箱油质进行取样监测。

2) 当主油箱油温低于10℃时投运润滑油加热装置，待主油箱油温高于10℃时投运润滑油净化系统。当主油箱油温高于32℃时停运润滑油加热装置。

3) 交流润滑油泵、辅助油泵和排油烟风机运行的时间为12h。

4) 主机盘车投入运行30min。

5) 投入一台冷油器油侧运行，6h后切换至另一台运行，每台冷油器油侧运行时间为30min。

(5) 主机EH油系统采用每周投用一次的方法保养，具体方法如下。

1) 当EH油温低于20℃，应投运EH加热装置。

2) 启动EH过滤冷却泵，投入过滤系统运行，运行时间为24h。

3) 启动EH油泵，30min后切换至另一台运行，每台泵的运行时间为30min。

4) 每周安排一次对主机高、中压主汽门、调门全行程活动性试验，确保各汽门在冷态状态下动作正常。

(6) 定期对EH油箱油进行取样监测。

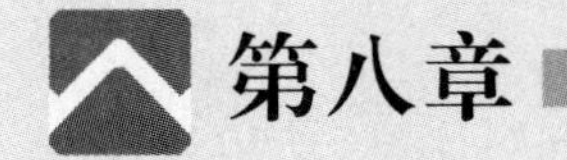

直接空冷系统、设备的异常及处理

第一节　真空泵故障、出力降低的现象及处理

一、真空泵故障现象及原因

1. 真空泵故障现象

（1）电流不正常增大超过规定值。

（2）轴承温度升高超过规定值。

（3）电动机绕组温度升高超过规定值。

（4）泵体内声音异常。

（5）轴端机械密封水漏水量大。

（6）机械密封冷却水温度高。

2. 真空泵故障原因

（1）转子轴向间隙调整不当，发生动静摩擦。

（2）轴承磨损或润滑油不足。

（3）叶轮损坏。

（4）电动机过载。

（5）密封盘根磨损严重。

（6）密封水冷却器换热效果差或冷却水系统故障。

二、案例分析

（一）案例 1：真空泵叶轮断裂损坏

1. 案例简介

某 600MW 直接空冷机组，运行人员发现 A 真空泵电流突然由 265A 上升至 301A，就地检查发现泵体内声音异常，立即启动 B 真空泵，停运 A 真空泵。A 真空泵解体后发现真空泵叶轮断裂损坏，叶轮断裂损坏见图8-1。

2. 原因分析

真空泵解体后，从断裂的痕迹分析，断口发生在原制造厂的焊口部位，且断口处有旧的断裂痕迹，也有新的痕迹，说明原制造厂的焊口质量存在问题。由于原始焊口咬边处有缺陷，在长期运行中焊口开裂，并不断扩展，最终导致叶片断裂。

图8-1 叶轮断裂损坏图

3. 采取措施

(1) 运行中发现真空泵电流异常升高应及时停运真空泵查明原因。

(2) 若发现真空泵内有异常声音或窜轴量较大时应及时停运真空泵，并进行解体检查和检修，防止叶轮严重损坏。

(3) 利用机组停运机会对真空泵进行解体，对叶轮焊口进行探伤检查。

(二) 案例2：真空泵入口滤网堵，机组被迫停运

1. 案例简介

某660MW直接空冷机组投产调试期间，因真空泵入口滤网堵，机组背压升高造成机组被迫停运。停运前机组负荷为550MW，背压为16.9kPa，低压缸排汽管温度分别为63.6℃和64℃，环境温度为－8.4℃。2台真空泵运行（无备用泵），真空泵电流分别为254A和252A，空冷凝汽器1、8排隔离阀未开启，2～7排空冷风机全部投入运行且在自动控制方式，背压设定值为15kPa，空冷风机逆流升温防冻保护未投，空冷风机运行频率均为70%，机组运行正常。15时20分机组开始升负荷，随着机组负荷的不断升高，机组背压相应升高，15时30分机组负荷升至603MW，机组背压已经升至23.69kPa，空冷风机转速也已经全部达到最大转速。

此时运行人员发现机组背压还在继续上升，查部分排空冷凝汽器抽气口温度偏低接近0℃，各排凝结水温度均有下降趋势，运行人员误认为是空冷凝汽器散热器管束结冰，立即降低空冷风机转速，机组背压继续升高，而且上升的速率也逐渐加快。为防止背压保护动作运行人员开始迅速降负荷，15时51分机组负荷降至305MW，背压为31kPa并趋于稳定。经对空冷系统分析认为在600MW高负荷下且空冷凝汽器只投运了六排，不可能为空冷凝汽器散热器管束发生冻结造成机组背压升高。针对各排抽气口温度偏低的现象，对真空系统进行检查也未发现有漏真空现象，真空泵电流、分离器水位均正常。异常现象是真空泵入口压力为A泵6.2kPa、B泵4kPa，与机组实际背压偏差约25kPa，手摸真空泵抽汽管道温度较低，怀疑真空泵入口滤网可能存在堵塞现象。由于真空泵抽气管入口滤网前无隔断门，机组运行中无法对真空泵入口滤网进行检查清理，机组被迫停运。机组停运后对主机真空泵入口滤网进行检查，发现真空泵入口滤网堵塞严重。

2. 原因分析

凝汽器真空的建立主要是依靠蒸汽的凝结形成的，但必须要由真空泵将不凝结气体及时排出。当真空泵入口滤网发生堵塞后真空泵的抽吸能力就会下降。机组未升负荷前真空泵的抽吸能力已达到饱和，当机组负荷增加后，进入空冷凝汽器的蒸汽量增大，瞬时产生的不凝结气体相应增多，真空泵抽吸能力的下降使不凝结气体不能及时排出，在空冷凝汽器内聚集并产生汽阻，汽轮机的大量排汽受阻不能及时排到空冷凝汽器内冷却凝结形成真空，也就是说此时进入空冷凝汽器的蒸汽量凝结量相对减少，致使机组背压升高。特别强调的是，此时升负荷过程中，空冷风机为了保持设定背值，就会增加空冷风机转速，致使空冷凝汽器抽气口温度、凝结水温度下降，若处理不及时容易造成空冷凝汽器管束大片冻结故障。

3. 采取措施

(1) 为防止类似事故的发生，在真空泵入口滤网前加装隔断门，确保在不停机的情况下对真空泵入口滤网进行检查和清理。

(2) 运行人员应加强对真空泵入口压力的监视，并核对机组背压是否与真空泵入口压力存在过大偏差，运行中若发现机组背压与真空泵入口压力偏差超过10kPa，应启动备用真空泵，停原运行真空泵并对其入口滤网进行检查清理。

(三) 案例3：水环真空泵出力下降

1. 案例简介

某660MW直接空冷机组进行了供热改造，新增了溴化锂吸收式热泵以提取辅机循环水余热。供热期间为满足热泵需求，要求辅机循环冷却水进水温度控制在25℃以上，致使主机真空泵密封水工作水升高达25℃以上，同比非供热期间真空泵密封水工作水温度不超20℃，相比供热期间真空泵密封水工作水温升高了约5℃，由于真空泵密封水工作水温升高造成真空泵工作效率下降，从而使供热期间热泵投入后主机真空度下降了1%。

2. 原因分析

偏心水环式真空泵其优点是抽单位干空气量的能耗较低，目前国内电厂采用水环式真空泵已很普遍。在实际运行中，常会发生因抽气能力严重下降而导致的排汽压力偏高现象。人们通常都把机组排汽压力偏高归咎于凝汽器本身的问题，如夏季环境温度偏高、空冷散热面管束脏，而不会怀疑真空泵有什么问题，真空泵冷却系统对真空泵出力的影响更被忽视。事实上机组在冬季供热期间，热泵投运后真空泵密封水工作水温度升高，密封水工作水温度25℃与20℃相比真空泵入口压力升高约3kPa，可见真空泵密封水工作水温度对真空泵出力的影响是非常明显的。

真空泵的工作压力与凝汽器的压力是一个动态平衡过程，真空泵的抽吸压力必须低于凝汽器的压力，才能把凝汽器内的不凝结气体抽走。在供热期间为了极大的发挥热泵的效率，人为提高了开式冷却水温度，同时用于真空泵的闭式冷却水温度也相应提高，真空泵密封用水工作水温升高，从而使真空泵的入口抽吸压力升高，真空泵出力下降。

3. 措施建议

正常运行中真空泵的密封水温度必须低于排汽压力下对应的饱和温度，若密封水温度升高逐渐饱和，就会严重影响真空泵的出力，使机组运行经济性下降。值得注意的是一旦发生真空泵密封水汽化，还会导致真空泵叶轮空蚀损坏现象。虽然在设计上真空泵密封用水不会达到饱和值，但真空泵的密封水过冷度安全余量很小。当冷却水温度升高后，真空泵密封水温就会升高。

为了保证供热期间真空泵有较低温度的密封水，经现场论证最终采用较低的除盐水对真空泵密封水进行连续换水的冷却方式，换出的水经多级水封直接补入主机热井作为机组补水。通过改造真空泵密封水温下降了6℃以上，真空泵出力明显提高。

第二节　空冷风机故障的现象及其处理

一、空冷风机故障现象及原因

1. 空冷风机故障现象

（1）电动机电流不正常增大超过规定值。

（2）减速机轴承温度升高超过规定值。

（3）减速机内部有异常声音。

（4）减速机径向接合面漏油。

（5）电动机绕组温度升高超过规定值。

（6）变频器故障掉闸。

2. 空冷风机故障原因

（1）高转速运行时环境风向、风力发生变化或风机叶片松动发生碰磨或损坏。

（2）减速机缺油或油箱油位过高，油质乳化严重。

（3）减速机齿轮轴承磨损。

（4）减速机径向密封圈磨损。

（5）电动机过载或烧损。

（6）变频器温度过高，变频器冷却系统故障。

3. 空冷风机运行维护

（1）加强对空冷风机电流的监视，控制空冷风机电流不超额定值，发现电流晃动较大应停运风机对风机进行检查。

（2）定期检查空冷风机减速机油位，油质情况，发现油位低时补油至正常，油质不合格及时进行更换。

（3）定期对空冷风机电机轴承进行补油。

（4）运行中定期对空冷风机进行测振，发现振动超规定值应停运风机进行检查。

（5）发现空冷风机减速机、电动机声音不正常应立即停运风机并对其进行检查。

（6）空冷风机相关各保护应正常投入并定期试验，确保动作正常，防止发生风机损坏事故。

（7）变频器间的通风冷却系统应定期检查清理，防止因变频器温度高引起风机跳闸。

二、案例分析

（一）案例1：空冷风机叶片断裂的原因分析

1. 案例简介

某660MW直接空冷机组当值运行人员在监盘时发现8排7列空冷风机电流达300A（额定电流242A），立即停运该风机，经运行人员对8排7列空冷风机进行就地检查，发现8排7列空冷风机6根叶片全部断裂损坏。

2. 原因分析

从叶片断裂的现象来看，造成6只叶片全部断裂的原因是其中一只叶片的U型抱卡螺栓断裂，使得整个叶片与轮盘脱开而导致叶片脱落，该叶片脱落后将其他5只叶片打坏，最终导致6只叶片全部损坏如图8-2所示。每只叶片由两只U型抱卡固定在风机的轮盘上如图8-3所示，从U型抱卡断裂的痕迹来看，其中靠轮盘内侧的U型抱卡靠螺纹处的两头全部断裂，一头断的痕迹有旧的痕迹，另一头为新的痕迹，如图8-4所示。说明U型抱卡在事故发生前就有缺陷，当一头断裂后该U型抱卡就已失去固定叶片的作用，风机在运行中本来由两个U型抱卡固定叶片变成由一个U型抱卡固定叶片，这样就增加了U型抱卡的负担，经长时间运行U型抱卡产生疲劳破坏而断裂，导致该叶片脱落。该叶片脱落后与其他运行叶片碰撞最终造成六只叶片全部损坏。

图8-2　风机叶片损坏

图8-3　风机叶根及U型抱卡

3. 防范措施

（1）利用大小修和备用停机的机会对风机叶片固定部位进行检查复紧。

（2）对空冷风机叶片U型抱卡的螺母进行检查并复紧，增加防松装置（弹簧垫或扁螺母），发现有螺母脱落的立即进行处理。

（3）对固定安装在轮盘下面的叶根底座与轮盘之间间隙进行检查复紧。

（4）对U型抱卡进行外观检查，发现有变形问题的立即进行处理或更换。

（5）重新对风机过流保护值进行整定，防止造成其他叶片的损坏。

（二）案例2：空冷风机减速机故障停运

1. 案例简介

（1）某600MW直接空冷机组运行人员检查发现5～7空冷风机减速机轴端径向结合面漏油，解体检查发现减速机径向密封圈磨损。

（2）某660MW直接空冷机组，有4台空冷风机相继出现减速机油温高、径向结合面漏油缺陷，3台是逆流区可双向运转风机，其中有2台风机在运行过程中发生减速机齿轮损坏风机停转故障。

图8-4　U型抱卡断裂

2. 原因分析

（1）直接空冷机组汽轮机背压控制主要是通过空冷风机的运行台数及风机转速变化来实现的。在冬季环境温度较低，负荷低的工况下，空冷风机启、停频繁，再加上北方地区冬季风沙天气较多，风机密封环上会不同程度吸附沙土。致使风机减速机径向密封圈容易发生磨损，一旦磨损，轴颈间隙增大就会发生漏油。

（2）空冷风机减速机投运时间较短，故障台次较多，且有普遍性。经对减速机解体检查发现其原因为：①运行维护不当，减速机从动轴下轴承由于缺油发生磨损，轴承损坏后，从动轴向下发生位移与轴承管套发生摩擦造成轴承管套磨损，从而出现减速机漏油现象，磨损产生的细小杂质进入油泵使油泵工作失常，减速机油温升高。②当风机遇到较大的扭矩力后（如风机自然倒转时启动）磨损管套就会发生破裂，破裂的碎片进入齿轮啮合部造成传动齿轮损坏，损坏的管套及齿轮见图8-5。

图 8-5　故障的减速机

3. 防范措施

(1) 运行中发现空冷风机减速机油温高，应及时停运空冷风机，对油泵进行检查，发现有漏油现象必须查明原因。

(2) 定期对空冷风机进行测振，对振动超过 20mm/s 的风机应及时停运并进行检查。

(3) 运行中加强对空冷风机减速机油位的检查，风机减速机油位应保证在油位计的 1/2～2/3。

(4) 空冷风机减速机油质的抽检工作非常重要，必须定期进行油质的抽检化验工作，发现有乳化或老化现象应进行更换。

(5) 夏季一定要对空冷风机减速机，电动机接线盒做好防水措施，防止进水短路。在尖峰冷却（喷淋）、凝汽器散热器冲洗过程中加强对减速机油质乳化的监视检查。

(6) 定期进行空冷风机减速机供油流量低联跳风机保护试验，确保保护动作可靠。

(7) 加强空冷风机电动机的检查维护，防止由于电动机轴承损坏引起减速机损坏。

(8) 加强对空冷风机减速机从动轴下轴承的维护，加装自动补油装置，防止发生由于下轴承缺油损坏引起减速机损坏的现象。

(9) 运行中发现空冷风机减速机内有异常声音应及时停运风机，对减速机解体检查。

(10) 空冷风机在启动前要确认风机不倒转，防止大扭矩损坏减速机。

(11) 冬季空冷风机减速机电加热器应能正常投入，控制减速机油温度不低于 10℃。

4. 故障处理

更换减速机。更换一台减速机需要一周时间，检修期间为减小热风回流对机组背压的影响，采取了对检修风机进风口进行临时封堵的措施，见图 8-6。

图 8-6　临时封堵

第三节　漏真空的现象及其处理

直接空冷机组在运行中，除机组漏真空外，很多原因会引起凝汽器真空值的变化。如机组负荷、环境温度及风力、风向的变化都会使真空值发生变化。空冷凝汽器散热器管束翅片污垢冷却能力下降时也会造成真空的降低。冬季空冷凝汽器部分结冰，空冷风机及真空泵的运行情况，都会对真空产生影响。所以运行中发现真空下降时要具体问题具体分析，不能以真空的下降作为漏真空的主要判断依据。

一、直接空冷机组漏真空的现象及原因

1. 漏真空的现象

（1）汽轮机在同一负荷下的真空值比正常时低，并稳定在某一真空值，随着负荷的升高凝汽器真空反而提高。

（2）在不同时间、负荷段连续进行 2 次以上真空严密性试验，试验结果不合格即真空下降速度大于 100Pa/min。

（3）低负荷时空冷凝汽器抽气口温度偏低，凝结水过冷度不正常增大。

（4）机组负荷降低或带同样负荷时主蒸汽流量增大。

（5）机组凝结水溶氧量增大。

2. 漏真空的原因

（1）轴封供汽压力低。

（2）凝结泵入口兰盘及机封漏吸空气。

（3）空冷凝汽器及机组负压系统漏真空。

3. 漏真空的处理

（1）发现有漏真空现象时先启动一台备用真空泵。

（2）若低压缸轴封处漏真空，调整轴封供汽压力在规定值内。

（3）检查调整凝结泵机械密封水应有少量水流出。

（4）若确认真空系统不严密，可人工或用专用的检漏仪器仔细查找，查出泄漏处及时消除。

（5）机组大、小修后应对真空系统用压缩空气打压找漏，以消除泄漏点，确保在运行中真空系统严密。

二、案例分析

案例：空冷凝汽器散热器管束接口处漏真空

1. 案例简介

某660MW直接空冷机组冬季启动带负荷后，运行人员发现空冷凝汽器2、3排抽气口温度偏低、凝结水过冷度偏大、检测凝结水溶氧大，启动备用真空泵运行。机组运行工况稳定后，进行真空严密性试验发现真空下降值达880Pa/min（合格值是小于100Pa/min)，确定机组负压系统有漏真空现象。针对空冷凝汽器散热器2、3排抽气口温度偏低的现象，重点对空冷凝汽器2、3排的散热器配汽管进行查找，发现空冷凝汽器配汽管连接处焊口处有多处漏真空点。

2. 原因分析

启停过程中环境温度最低至－22.5℃。由于冬季严寒期环境温度低，加上机组在滑参数停机过程中不可避免地会出现进入空冷凝汽器蒸汽流量偏低现象，机组点火升压过程中又不可避免地出现少量蒸汽进入空冷凝汽器的情况，造成个别空冷凝汽器管束内部结冰。内部结冰的管束由于进汽量较小致使空冷凝汽器配汽管进汽量整体分配不均，相邻的管束出现温差。当机组带负荷后大量蒸汽进入空冷凝汽器配汽管，瞬间空冷凝汽器配汽管管束间产生很大的温差，个别进汽管束温差可高达70℃以上，结冰的管束如果不能及时消融，管束之间就会产生较大的热膨胀应力，致使进汽管束发生变形。如果空冷凝汽器配汽管及散热器管束连接处焊接质量有问题，就会造成散热器配汽管连接处焊口发生裂纹或开裂。

3. 故障处理

漏真空的处理首先要系统找漏。直接空冷机组真空系统非常庞大找漏相对困难，根据多年的运行经验，要按不同的区域分别采用不同的找漏方法进行找漏工作。

（1）氦气找漏法。氦气找漏法适用于机房内部设备的真空系统找漏。其方法是在可能泄漏真空的部位如法兰、焊口喷上氦气，在真空泵出口排气管道上利用氦气监测仪捕捉氦气，如在泄漏的部位喷上氦气后能在真空泵出口排气管道捕捉到一定数量级的氦气，说明被喷的部位可能发生泄漏，堵漏后再重新试验。通过氦气找漏，可发现和排除机房内易发生漏真空的低压缸防爆门、凝结泵轴封、热井水位计、热井人孔、低压缸轴端汽封等部位的漏点。

（2）声谱仪找漏。通过较为先进的音频检测仪器进行，戴上耳机，捕捉具有一定方向来源的音频信号，进行判断分析找漏。该方法在使用时要经过仔细的倾听判断和实地检验，适用于部位较高，架子难以搭设，远距离的部位查漏。但需要经过一定的培训并具有丰富的真空查漏经验的人使用才能收到效果。

（3）人工查漏。真空泄漏部位一般有明显的漏气声。实践证明，空冷凝汽器散热器管束发生泄漏，漏气声音非常明显。查找的方法是，利用空冷冲洗的爬梯，人搭设在爬梯的脚手架上，行走爬梯，仔细倾听，同时在倾听的部位停运该单元的空冷风机，消除风机运行声音的干扰，在有明显泄漏声的部位做好记号，先采取临时堵漏的方法进行堵漏，当有停机的机会打开排汽管人孔进行彻底处理。

针对空冷凝汽器散热器 2、3 排抽汽口温度偏低，查漏人员重点对空冷凝汽器 2、3 排的散热器配汽管进行仔细查找，发现其空冷凝汽器配汽管相邻散热片组对连接处焊口处有多处漏真空点。查漏人员先临时采用外部胶填充封堵的方法处理。遇停机机会再进入配汽联箱内分别对漏点进行重新补焊，经过处理机组漏真空现象消除。配汽管道相邻散热片组对接处泄漏焊口如图 8-7 所示。

4. 防范措施

（1）冬季要做好机组启、停过程中空冷凝汽器的防冻工作。

（2）发现空冷凝汽器管束有变形现象应立即采取相应措施。启、停机过程中尽量保证 2 台真空泵运行。

图 8-7 配汽管道焊口泄漏

第四节 冬季空冷凝汽器部分冻结的现象及处理

作为直接空冷机组第四大设备，空冷凝汽器冬季防冻是北方地区重要的工作之一。直接空冷机组冬季运行防冻的主要任务是，保证进入空冷凝汽器的热负荷高于最低要求值，同时采用灵活的风机群运行方式的变化，来避免空冷凝汽器散热器管束发生大面积冻结。

一、空冷凝汽器结冰、冻结现象及处理

1. 空冷凝汽器结冰、冻结现象

(1) 凝结水回水温度降低。

(2) 同一排管束两侧凝结水温度偏差大。

(3) 真空抽气口温度降低。

(4) 就地实测空冷凝汽器散热器管束温度接近环境温度。

(5) 机组背压晃动增大。

(6) 空冷风机在自动方式、相同负荷、相同环境温度下风机转速不正常升高。

(7) 空冷凝汽器结冰管束或相邻管束发生变形。

2. 空冷凝汽器结冰、冻结原因

(1) 运行人员调整不当。机组低负荷工况下少量风机高转速运行致使该风机运行区管束冻结。

(2) 机组背压控制值较低。空冷凝汽器凝结水温下降且调整不及时。

(3) 空冷防冻保护不能正常投入或投入后运行不正常。

(4) 空冷凝汽器凝结水回水滤网或喷嘴堵塞，造成回水不畅受阻且发现不

及时。

（5）冬季严寒期机组启动控制不当。启动过程中空冷凝汽器进汽量小，机组背压高，错误启动空冷风机。

3. 空冷凝汽器结冰、冻结后的处理

（1）若发现个别空冷凝汽器管束有结冰现象应立即停运对应的空冷风机。如果结冰区在逆流区可将风机反转运行。对于长时间不能化冰的应在空冷凝汽器管束结冰部位用棉被或其他保温材料进行覆盖。

（2）若发现局部空冷凝汽器管束有结冰现象，应先增大机组负荷提高空冷凝汽器进汽量，提高机组运行背压，降低运行空冷风机转速，增加运行真空泵台数。若机组增加负荷受限可退出部分空冷凝汽器，增大其他凝汽器散热器的进汽量。

（3）若因空冷凝汽器凝结水回水滤网或喷嘴堵造成的凝汽器管束结冰应停机处理。为防止回水滤网、喷嘴堵塞情况的发生，有旁路系统的机组应在冬季运行中适当开启旁路系统。

二、案例分析

1. 案例简介

某660MW直接空冷机组带负荷350MW后，机组背压为7kPa。运行人员发现背压明显波动，空冷风机转速明显升高，巡检人员就地检查发现空冷凝汽器部分散热器管束发生变形。实测与变形管束相邻的几十根管束温度接近环境温度（环境温度为－20℃，属严寒期），确定该管束内结冰。变形后的空冷凝汽器管束见图8-8和图8-9。

2. 原因分析

机组在低负荷运行期间，对于汽轮机一定的排汽热量，并非每一排的蒸汽分配有1/8的份额。由于排汽量较小直接空冷凝汽器散热管束表面的温差现象在汽轮机低负荷运行时十分明显，这种温差直接反映了凝汽器管束内部蒸汽分配的偏差，而且这种偏差随着环境温度的下降会增大。直接空冷机组在冬季低气温运行过程中，由于蒸汽量小，个别散热器管束发生结冰堵塞收缩，未结冰的凝汽器散热器管束由于蒸汽量的提高通过管束温度升高膨胀，当膨胀受到相邻管束间约束后就会产生变形。从图8-8和图8-9的变形现象看，很明显是由于机组低负荷时进入空冷凝汽器的蒸汽量比较小，环境温度较低且机组背压又控制较低，部分空冷凝汽器管束因为少量蒸汽进入而结冰堵塞，而未结冰堵塞的管束热膨胀受到约束产生的。虽然个别管束结冰对空冷凝汽器总散热面积影响极少，不会影响到运行机组整体的背压水平，但要加强检查及时发现并处理，避免发生严重变形或断裂，影响直接空冷系统的安全运行。

图 8-8　空冷凝汽器管束

图 8-9　空冷凝汽器管束

3. 故障处理

运行中一旦发现空冷凝汽器管束冻结、变形，应立即停运对应的空冷风机，依靠其相邻管子温度，通过辐射热传递使冰柱与管材分离解冻。若冻结管束较多可采用对散热器管束进行覆盖方法，提高机组运行背压，降低各运行空冷风机转速，加快结冰管束的融解速度。避免大量成片空冷凝汽器管束结冰。

4. 防范措施

（1）运行中各排凝结水温度及抽汽口温度也要作为运行控制调整对象。

（2）运行中空冷风机的自动调节设置时，除了考虑机组背压之外，还应考虑到凝结水过冷度，应将过冷度限制在一定范围内。过冷度超出上限定值时，应限制风机转速继续上升，否则不但是经济性差而且影响空冷系统安全。

（3）定期对空冷岛进行巡查，发现有接近环境温度的管束，应及时将对应的风机转速降至最低或停运。

（4）严格控制逆流管束抽气口温度，及时调节逆流风机的运行时间长短及转速。

（5）保证冬季机组最低运行负荷。

（6）建议加装空冷防冻，以及优化运行指导系统，参照空冷防冻优化数据对风机进行调整，正确计算汽轮机排汽压力与环境气温的关系，以确定空冷风机合理的安全经济运行方式。

第五节 凝结水溶氧高的原因及处理

一、直接空冷机组凝结水溶解氧超标的主要原因

（1）直接空冷机组真空系统比较庞大，如果严密性不好，真空系统漏入空气，空气中带有大量的不凝结气体就会溶入凝结水内，最终使凝结水溶氧量增加。

（2）补入系统的除盐水带入的氧气。由于除盐水只进行了化学处理，没有进行深度除氧，很容易造成凝结水的溶氧超标。

二、案例分析

1. 案例简介

（1）现象1。某600MW直接空冷机组原设计补水方式为除盐水直接补至主机凝结水箱。投产后机组不同程度存在凝结水含氧量超标的现象，年平均含氧量为100μg/L左右，最高达到200μg/ L，已远远超出凝结水含氧量不大于30μg/L的规定。通过对空冷机组补水方式的改造，将凝结水补水补至空冷凝汽器排汽管中，基本上解决了凝结水溶氧超标的问题。

（2）现象2。某600MW直接空冷机组进行了供热改造，供热投入运行后凝结水含氧量超标现象又比较突出，从发生的时间多在早上6时～9时，以及中午14时～16时，且该时间段均为机组升负荷过程，针对以上现象对机组真空系统进行了检查未发现有漏真空现象。为查明凝结水溶氧升高的原因，分别对机组进行供热投退试验，发现只有机组在供热投入后凝结水溶氧会出现上述超标现象。因此凝结水溶氧量大的原因是供热投入后机组热负荷相对增大，且机组长期处于高负荷运行工况，补水量相应增大，补水又不能很好的除氧，造成凝结水溶氧升高。

2. 原因分析

（1）现象1分析。机组凝结水补水方式设计是除盐水直接补至凝结水箱。针对凝结水溶氧量大的问题，先后多次对机组进行了凝结水的补水试验。从试验结果来看，机组停止补水一个小时后凝结水溶氧开始下降，凝结水溶氧由60μg/L左右下降到20μg/L左右，开始补水后凝结水溶氧又开始逐步增大，2h后增大到66μg/L。

试验证明，凝结水溶氧大主要是补入系统的除盐水带入的氧气，造成凝结水的溶氧超标。

（2）现象2分析。冬季供热期间机组热负荷增大，补水量相应增大，尤其是机组升负荷后系统补水量是相对增大的过程。虽然机组供热前对补水进行了改造，但改造后将除盐水补至空冷凝汽器的蒸汽分配管内，补水管伸入每个分配管内的管长为2m，在管的上部均匀开孔20个，孔径为8mm，补入的水为水柱型，不能很好雾化。当补水量过大后补入的除盐水就不能被蒸汽及时加热，达不到除氧的目的，造成凝结水溶氧增大。也就是说空冷凝汽器补水量增大后，补水不能很好雾化，不能被蒸汽及时加热是影响凝结水溶氧超标的主要原因。

3. 故障处理

从以上两种现象分析看，机组凝结水溶氧高的主要是凝结水的补水引起的。凝结水补水方式设计不合理和改造不完善，是造成凝结水溶氧超标主要因素。机组凝结水补水系统进行了两次改造，第一次将凝结水补水由直接补入凝结水箱改为补入至空冷凝汽器第4、5排蒸汽分配管内。第二次改造是将第一次改造进一步优化，将补水管扩到第4、5、6排蒸汽分配管内，将补水管由2m延长至50m，并在补水管均匀安装了100个喷头，保证雾化效果。通过对补水系统不断的改进和完善保证了雾化效果，延长了雾化后水在蒸汽排汽中的停留时间，让排汽将水加热到对应压力下的饱和温度使补水中的氧及时排出。通过对凝结水补水系统改造后，凝结水溶氧得到了明显的好转，收到了明显的效果。机组改造前后凝结水溶氧情况对比见表8-1。

表8-1　　机组改造前后凝结水溶氧情况对比

比较阶段	分析项目		标准	最大值	累积劣化时间
改造前	凝结水	溶氧 μg/L	≤30	134.9	168 h
改造后	凝结水	溶氧 μg/L	≤30	63.3	14 h

4. 建议

目前新投产安装的机组都增装了凝结水补水的二次除氧装置，效果非常好。但未安装的机组加装此装置投资较大，且无合适安装位置，还需要降低凝结水箱水位，会影响凝结泵安全运行。因此可采用将凝结水补水改至空冷凝汽器蒸汽分配管最高处，不仅保证补水雾化效果，而且解决了由于补水方式设计不合理造成凝结水溶氧长期超标的问题，值得提倡。

第六节　凝结水箱水位异常的原因及处理

一、凝结水箱水位异常的原因及处理

1. 凝结水箱水位升高原因

(1) 凝结水箱补水阀误开。

(2) 冬季启动并网后空冷凝汽器结冰，管束融冰后凝结水回水量增大。

(3) 凝结水泵掉闸或凝结水至除氧器系统供水突然减小。

(4) 精处理装置故障引起的断水。

(5) 除氧器至热井放水门误开。

(6) 高压加热器内漏严重使得紧急疏水阀开启或高压加热器紧急疏水门误开。

2. 凝结水箱水位升高的处理

(1) 补水电动阀不能电动关闭时，应关闭补水电动阀前后手动门。

(2) 补水阀不严时，应停用系统检修，运行中水位升高可先适当补至除氧器、放至疏水箱回收。

(3) 凝结水泵掉闸时，应立即起动备用泵。

(4) 精处理装置故障、限制凝结水流量时，应与辅机值班人员联系，必要时可开大精处理凝结水旁路阀。

(5) 检查关闭误开的除氧器放水门。

(6) 高压加热器内漏严重应立即退出高压加热器，使给水走旁路系统。

二、凝结水箱水位降低原因及处理

1. 凝结水箱水位降低原因

(1) 汽轮机、锅炉热力系统泄漏用水量大。

(2) 空冷凝汽器凝结水回水滤网或喷嘴堵。

(3) 补水门应开启，实际未开启或补水泵故障。

2. 凝结水箱水位降低处理

(1) 汽轮机或锅炉热力系统泄漏或用水量大时，应查明原因及时处理。

(2) 降低机组负荷，打开空冷凝汽器凝结水回水滤网旁路门，停机后对凝结水回水滤网、喷嘴进行清理。

（3）检查补水门实际阀位，启动备用补水泵。

三、案例分析

1. 案例简介

某600MW直接空冷机组运行凝结水泵变频器PLC与主板通信故障，凝结水泵变频降到零，凝结水流量下降，除氧器水位下降，凝结水箱水位升高。因此立即启动备用凝结水泵，备用凝结水泵启动约1min后，发现凝结水压力升高，流量降至零，凝结水箱水位继续升高，立即降低机组负荷。此时运行值班人员发现5号低压加热器出口电动门开关状态异常，经查，5号低压加热器出口电动门在关位，于是开启5号低压加热器出口电动门后，凝结水流量恢复正常。

2. 原因分析

凝结泵变频器PLC与主板通信故障，造成运行中凝结泵变频降到零、凝结水压力降低，凝结水压力低联动备用泵保护未动作，备用泵未及时联启，造成凝结水系统充满度不足。紧急启动备用凝结水泵后，系统管道产生振动，由于管道的振动使5号低压加热器出口电动门接收到误发的关闭指令，5号低压加热器出口电动门关闭，造成凝结水断流，凝结水箱水位升高。

3. 采取措施

（1）完善凝结水保护控制逻辑，确保备用凝结泵能正常联启。

（2）对凝结水系统各加热器进出水电动门控制板进行改造。将电动门控制板接收脉冲信号修改为接收130s长信号，并由DCS控制，一旦发生由于振动产生的误关信号，也不会造成电动门全关故障。

（3）若发生凝结泵跳闸备用泵未联启，应先降低机组负荷。先启动补水泵对凝结水系统进行注水，再启动备用凝结泵，尽量减少启动凝结泵对系统产生冲击振动。

第七节　直接空冷机组背压升高的原因及其处理

在实际运行中汽轮机背压升高有缓慢升高和急剧升高两种情况。

一、直接空冷汽轮机背压升高原因及处理

1. 背压升高的现象

（1）凝汽器背压升高，汽轮机排汽温度升高。

（2）机组负荷降低或带同样负荷时主蒸汽流量增大。

2. 背压缓慢升高的原因

背压缓慢升高往往经常发生，一般对机组的安全运行威胁较小。背压缓慢升高大致有以下几方面原因：

（1）个别空冷风机由于电源故障或保护动作跳闸。

（2）真空系统不严密漏空气。通常表现为汽轮机同一负荷下的真空值比正常时低，且稳定在某一固定值，随着负荷的升高凝汽器真空反而升高（升负荷使机组真空系统范围缩小了）。真空系统严密程度可以通过定期的真空系统严密性试验进行检验，若确认真空系统不严密，则要仔细地找出泄漏处，并及时消除。

（3）热井水位高。热井水位升高，往往是因为运行调整不当或凝结水泵故障，使凝结水泵出力下降所致。

（4）真空泵工作不正常或效率降低。运行水环真空泵自身故障、水环真空泵水位不正常降低或水环真空泵冷却水中断，造成抽汽效率降低引起背压升高。

（5）其他原因。误开旁路门、热井放水门及其他负压系统截门。

3. 背压急剧升高的原因

（1）空冷系统冷却风机大部或全部跳闸。

（2）低压侧轴封供汽中断。轴封供汽压力调整门失灵、供汽汽源中断或汽封系统进水等，导致大量的空气漏入排汽缸，使凝汽器背压急剧升高。

（3）真空泵故障。厂用电中断或保护动作引起真空泵跳闸。

（4）排汽装置满水。凝结水泵故障或运行人员维护调整不当，造成排汽装置满水而导致背压升高。

（5）真空系统大量漏空气。由于真空系统管道或阀门零件破裂损坏，使得误开真空破坏门，引起大量空气漏入凝汽器。这时应尽快找出泄漏处，设法采取应急检修措施堵漏，否则应停机检修。

（6）大风影响。气候突然变化，大风会引起空冷风机通风量瞬间下降，使凝汽器背压急剧升高。

4. 背压升高的处理方法

观察凝汽器背压是急剧升高还是缓慢升高，根据造成的不同原因而采取不同的处理方法。根据凝汽器背压的升高数值，降低机组负荷。若故障一时无法消除，经执行减负荷等措施后，凝汽器背压仍继续升高且达到最大允许值时，则需停机处理。

（1）运行中发现背压不正常升高，应迅速核对排汽缸真空表远方与就地是否一致，并核实低压缸排汽温度，只有在背压升高同时排汽温度相应升高时，才可判断为背压真正升高。

（2）背压升高时背压限制保护不得解除。

（3）降低机组负荷，控制背压进一步升高。

（4）启动备用真空泵或空冷凝汽器备用冷却风机，增大运行空冷风机转速。

（5）检查轴封母管压力是否正常，若压力低、检查轴封供汽阀和联箱溢流阀门开度是否正常，及时调整轴封供汽母管压力，必要时切换备用轴封供汽汽源。

（6）检查各空冷风机运行情况是否正常，若风机掉闸及时恢复。

（7）检查真空破坏门是否误开，若误开应立即关闭。

（8）检查真空泵工作是否正常，入口门状态是否正确。检查汽水分离器水位，水位低时及时进行补水，密封水温高时开大冷却器冷却水门。

（9）检查低压旁路是否误开，发现误开立即关闭。

（10）检查低压缸大气安全门是否破损，发现漏真空及时处理。

（11）检查低压缸主排汽管道防爆门是否破裂，发现漏真空及时处理。

（12）检查凝结水泵密封水是否正常，不正常时要及时调整。

（13）检查轴封冷却器多级水封是否漏空气，发现漏空气时要及时调整。

（14）采取措施无效后背压仍继续升高，达保护动作值时保护不动作应手动停机。

5. 背压升高注意事项

（1）要特别注意监视低压缸轴承的振动情况，发现振动明显增大时，应采用降负荷的办法来消除振动。如减负荷无效且振动继续增大时，当轴振大于 0.25mm 时，应立即停机。

（2）应注意监视低压缸排汽温度，当排汽温度达 80℃时，低压缸喷水阀应自动打开，否则应手动打开。如排汽温度达 121℃且运行 15min 或大于 121℃时应手动故障停机。

（3）背压升高时，低压旁路禁止投入。

（4）冬季机组背压升高后，应加强对空冷凝汽器检查，如果发现背压升高是由于空冷凝汽器散热管束结冰堵塞引起的，应按照空冷防冻相关规定进行处理。

二、案例分析

直接空冷机组夏季在高背压运行时，不利的风向和较大的风速对空冷凝汽器的散热影响尤为突出，高温时段热回流对空冷凝汽器散热不良的影响会导致汽轮机背压短时突然升高，若防范不及时会使机组背压达到并超过汽轮机跳闸值。

1. 案例简介

2005年6月22日17时06分，大风导致某600MW直接空冷汽轮机组由于背压高保护动作而使机组跳闸。事故前16时55分，机组有功负荷因背压高已限制在526MW，当时环境温度为37.4℃，背压为52kPa且相对稳定。16时59分，运行人员发现机组背压开始上升（此时室外有炉后一股狂风刮过），立即开始降负荷，17时06分，负荷降至473.68MW时背压高保护动作，机组跳闸。

2. 原因分析

机组跳闸事故发生时有一股较强的西风（炉后来风）刮过。事故发生后，对空冷风场进行了数据采集和模拟试验。厂房实地布置模拟图如图8-10所示。

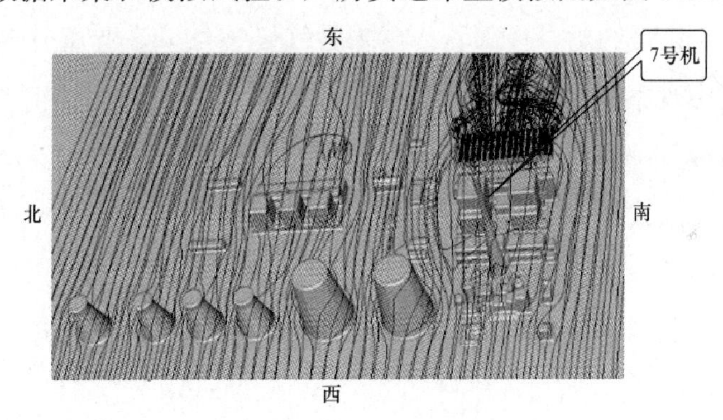

图8-10　厂房实地布置模拟图

通过试验得出如下结论。

（1）风向由西向东（炉后来风）。当地环境温度为30℃时，风机群进口截面的平均温度为36.9℃，比环境温度高出约7℃。即每个风机进口温度均升高，此时空冷系统总的散热量下降43.4%。炉后来风截面流场图见图8-11。

（2）风向由东向西。不存在热回流现象。

（3）风向由北向南。在东西两侧由于气流卷吸作用，也产生热回流，风机群进口平均温度为33.68℃，比环境温度升高3.68℃，空冷系统总的散热量下降23.2%。

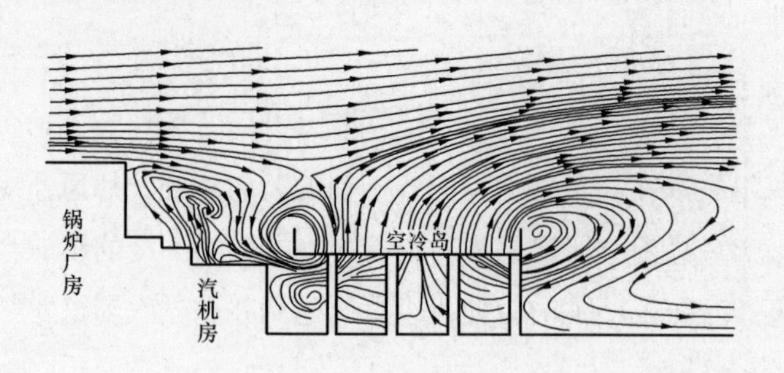

图 8-11　炉后来风截面流场图

(4) 风向由南向北。风向由南向北吹过空冷塔，同风向由北向南类似，也会产生热回流，且风机群进口平均温度为 33.22℃，比环境温度升高 3.22℃，空冷系统总散热量下降 20.3%。

由模拟试验结论证实，该次机组跳闸事故就是由于对空冷系统影响最大的炉后风造成的。炉后风形成的热风回流，严重破坏了空冷凝汽器的冷却换热效率，导致汽轮机排汽压力急剧升高，背压保护动作机组跳闸。

通过对直接空冷机组运行参数变化趋势看，在机组正常运行期间，负荷每变化 20MW，背压的变化量约为 2～3kPa。在恶劣气候条件下，背压升高后降低机组负荷，降负荷过程中观察不到背压有下降趋势，也就是说，降低机组负荷所改善的背压数值不能抵消因气象条件干扰背压恶化的数值。尤其是在高温天气时段，风速的增大和风向的变化会使机组背压在几分钟内升高达 20kPa，运行人员根本没有降负荷的操作时间。因此，直接空冷机组在运行中，一定要注意当地天气预报。遇有大风天气，特别是不利风向时，应做好事故预想，保证机组的安全运行。

3. 运行措施

(1) 提高运行人员对直接空冷机组认识。直接空冷机组在夏季高温时段运行时应严格控制机组背压，当机组背压高时，应通过限制机组负荷，留出约 20kPa 的背压余量，以防备气候、风向等因素的干扰造成背压严重恶化而引起跳机故障的发生。

(2) 空冷尖锋冷却系统的安装是解决高温限负荷的最有效手段。当环境温度升高时，及时投运尖锋冷却系统降低空冷凝汽器的背压。可减小不利风向、大风的影响，确保背压在可控范围。

(3) 在保证空冷风机安全运行的基础上尽量提高风机转速，进而提高空冷凝汽器散热器的出口冷却风速和冷却风量来提高空冷风机的稳定性，减小不利风向的影响。

（4）北方地区风沙大，空冷凝汽器散热器污染较为严重，再加上夏季电厂周边树木的飞絮、昆虫等使空冷凝汽器翅片管的翅片间间隙减小，甚至堵塞，严重影响了空冷凝汽器的通风能力，导致机组背压升高。所以，必须通过增加冲洗次数来保证空冷凝汽器的清洁度确保良好的散热性能。为降低冲洗时停运空冷风机对机组背压的影响，夏季应尽量采用昼停夜冲，间段冲洗的方法。

（5）热风回流这种工况来势凶猛，一旦发生就会马上影响机组带负荷，甚至被迫停机。要注意当地天气预报，提前做好事故预想，保证机组的安全运行。

（6）充分发挥电厂小型气象观测站的作用，掌握第一手气象资料，以便对机组运行工况提前调控。

第九章

直接空冷系统的经济性运行

空冷系统经过几十年的运行实践，在技术上已相对成熟，但在运行过程中，存在多种外界因素影响机组经济性，如严寒、酷暑，大风等。本章将针对直接空冷机组运行状况进行经济性分析。

根据环境温度或季节可以将直接空冷系统运行模式划分为如下模式。

（1）春秋运行模式。春秋两季是一年中温度比较适中的季节，在这两个季节运行的空冷机组在背压的选择上也比较灵活。

（2）冬季运行模式。当环境气温 t 小于或等于 10℃时为冬季运行模式阶段，在这一阶段主要是根据环境温度选择最佳背压，并确定最佳运行模式。

（3）夏季运行模式。当环境气温 t 大于或等于 22℃时为夏季运行模式阶段。在这一阶段空冷机组会出现因背压过高而限制机组出力情况，确定夏季空冷运行方式也更显重要。

第一节　春秋季期间的经济性运行

北方地区春秋两季气温适宜，昼夜温差较大，且不存在防冻压力，降低汽轮机排汽压力可增加焓降，提高汽轮机效率。同等工况下降低机组背压，主蒸汽流量会相应降低，锅炉用煤量降低，所以有效的降低机组背压更有利于提高直接空冷机组的经济性。

一、空冷背压与空冷耗电率之间的关系

直接空冷机组在春秋季节运行期间，降低背压的主要方式是提高空冷风机转速，通过提高转速提高空冷散热器通风量，从而达到降低背压的目的，但空冷风机转速的提高势必影响厂用电率的升高。只有准确的分析背压和厂用电率之间的关系，才能正确判断降低背压是否有利于空冷机组经济性运行。

某600MW直接空冷机组在475MW负荷工况下进行了6个变背压试验，试验背压与汽机效率对应表见表9-1。

表9-1 475MW负荷工况下背压与汽轮机效率对应

名称	单位	试验工况					
试验排汽压力	kPa	24.559	25.605	26.226	29.803	32.233	35.626
修正后功率	kW	452 135.9	452 667.7	451 988.8	442 635.1	439 307.8	431 958.3
修正后主蒸汽流量	kg/h	1 529 874	1 545 802	1 549 529	1 535 835	1 537 860	1 526 102
修正后热耗率	kJ/（kW·h）	9117.31	9172.62	9181.53	9284.50	9339.66	9424.16
修正后汽耗率	kg/（kW·h）	3.384	3.415	3.428	3.470	3.501	3.533
修正的机组热效率	%	39.485	39.247	39.209	38.774	38.545	38.200

表9-1说明试验低压缸排汽压力从24.599kPa升至35.626kPa，变化了11.068kPa，经系统初参数修正后发电机功率从452.14MW变化至431.96MW，变化了20.18MW。机组经济性从9117.31kJ/(kW·h)变化至9424.16kJ/(kW·h)，变化了306.84kJ/(kW·h)。根据上述数据分析背压降低1kPa，影响供电煤耗约1g/(kW·h)。

大同发电公司8号机组475MW负荷段时空冷风机转速及自身电率关系见表9-2。

表9-2 8号机组475MW负荷段时空冷风机转速及自身电率关系

环境温度（℃）	负荷（MW）	背压（kPa）	转速 Hz	电流（A）	空冷耗电率（%）
20.1	475	13.5	50	172	0.76
20.0	476	12.5	55	208	0.82

在空冷风机转速为50Hz（正常最高转速）时，机组背压在13.5kPa，当转速超过50Hz，升高到极限转速55Hz时，机组背压在12.5kPa，同负荷下背压下降1kPa，空冷耗电率升高0.06个百分点。厂用电率在475MW负荷对应下每升高1个百分点约影响供电煤耗增加3g/（kW·h），背压下降1kPa约影响供电煤耗降低1g/（kW·h），所以机组在475MW负荷时背压每降低1kPa。剔除背压下降造成厂用电率升高的影响，供电煤耗下降约0.82g/（kW·h），因此在春秋季运行时，机组背压越低，机组经济性越好。

春秋季昼夜温差较大，在环境温度较低、负荷较低的情况下，降低机组背压存在过冷的问题比较严重，这时空冷系统过冷就成为造成机组经济性下降的主要原因，所以直接空冷机组在春秋季运行时还必须考虑空冷系统过冷情况。经多年经验分析机组运行时，当空冷系统出现过冷后，在同样背压的前提下过冷机组的空冷耗电率将升高 0.1 个百分点，要保证空冷机组不发生过冷现象，在环境温度较低或机组负荷较低的工况下，就要适当降低风机频率。因此直接空冷系统在春秋季运行时存在最佳运行工况，这个最佳运行工况对应的空冷风机转速即为最佳转速。在空冷风机耗电量增加最小的前提下，降低机组背压提高机组经济性是进一步挖掘节能降耗潜力的关键。不同环境温度、不同的负荷，以及风机最佳运行转速工况点不同。

二、春秋季直接空冷系统运行方案的确定

根据上述结论，在春秋季节选择空冷风机最高转速运行，以保证机组背压在最低范围内，可确保机组经济性。但机组空冷风机变频器若长时间在超频转速运行，会严重影响机组安全运行，大同发电公司 7～10 号机组空冷风机变频与电流对应曲线图见图 9-1。

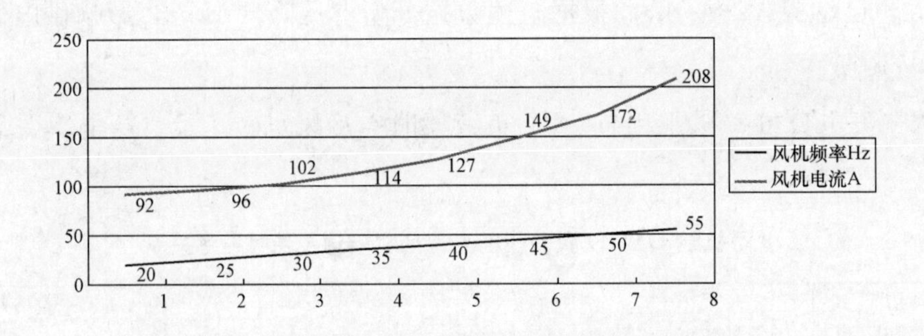

图 9-1　7、8 号机组空冷风机变频与电流对应曲线

由图 9-1 可知，空冷风机在超频运行时，空冷风机变频器电流升高幅度大于在正常电流范围内的增长幅度，结合空冷风机变频器运行安全性，确定春秋季节直接空冷机组最佳背压是空冷风机变频器频率为 50Hz 时对应的背压，但当机组运行时凝结水出现过冷度较大时，降低空冷风机变频器转速也是必要的，转速下降幅度以凝结水过冷度不超过 6℃为基准。

三、春秋季空冷运行优化措施

（1）当环境温度 20℃以上时，机组负荷高于 80％，空冷风机全部超频运行。

（2）当环境温度低于 20℃时，机组负荷低于 60％，控制空冷风机频率为 50Hz，当凝结水过冷度超过 6℃时，相应的降低空冷风机转速，直至凝结水过冷度

在6℃范围内。

(3) 抽汽管过冷度大于15℃时，增开备用真空泵，适当将机组背压提高1kPa，过冷消除后恢复原运行工况。

(4) 控制各排凝结水出水温度任何情况下不得低于35℃。

(5) 控制各排抽汽温度任何工况下不低于15℃。

第二节 冬季期间的经济性运行

在一年的四个季节中，冬季环境温度比较低，机组容易达到较低的运行背压。由于受冬季空冷岛防冻要求和受阻塞背压限制，直接空冷机组冬季运行背压控制难度较大，因此分析查找空冷机组冬季运行背压最佳值，对机组经济性、安全性十分重要。

一、阻塞背压和空冷机组的经济性关系

汽轮机的阻塞背压是指当汽轮机末级叶片出口处的蒸汽流速接近该处的声速水平（马赫数约为0.95）时的背压，在通常情况下，与汽轮机进汽量相关，不同的进汽量有不同的阻塞背压值。机组背压低于阻塞背压会造成热耗增加，主要原因是蒸汽在末级叶片形成紊乱的膨胀而引起附加损失。一般来说，在一定范围内汽轮机背压降低，机组经济性提高，但汽轮机背压低于阻塞背压时，机组的经济性降低。

机组480MW负荷时的背压对应的耗电率数据统计见表9-3。

表9-3　机组480MW负荷时的背压对应的耗电率

机组	负荷(MW)	环境温度(℃)	背压(kPa)	汽机热耗(kJ/kg)	空冷风机转速(Hz)	空冷耗电率(%)
7号机组	480	−5	5.6	8132	35	0.46
	480	−5	5.2	8145	41	0.55

注　600MW直接空冷机组在480MW负荷下对应的阻塞背压为5.53kPa。

由表9-3可以分析出：空冷机组冬季运行，汽轮机背压低于阻塞背压时，降低背压的结果是相同发电量下汽轮机的进汽轮量增加，汽轮机热耗增加，也势必需要增加空冷风机的转速，加大空冷风机的总耗电量。

综上所述，降低背压有利于提高机组经济性，但这时的背压必须大于机组负荷对应下的阻塞背压。

二、空冷防冻和空冷机组的经济性关系

1. 直接空冷系统的冷却过程

锅炉产生的新蒸汽经汽轮机做功后，将乏汽经排汽管道送入空冷凝汽器进行凝结，凝结水汇集到排汽装置热井中，最后经水泵送入锅炉。直接空冷系统在整个冷却过程中存在凝结水的过冷现象，如该现象发生严重时，就有可能导致空冷凝汽器某些区域产生冻结现象。

2. 冻结机理

在机组处于空负荷或低负荷运行时，蒸汽流量很小，经试验发现加上旁路系统的蒸汽流量也不能达到空冷凝汽器全部投入时的设计流量。此时，即使将所有风机全部停运，由于蒸汽流量很小，当蒸汽由空冷凝汽器进汽联箱进入冷却管束后，在由上而下的流动过程中，冷却管束中的蒸汽与外界冷空气进行热交换后不断凝结。由于环境温度很低，远远低于水的冰点温度，在凝结水自身重力的作用下，沿管壁向下流动的过程中，其过冷度不断增加，当到达冷却管束的下部（即冷却管束与凝结水联箱接口处）时达到结冰点产生冻结现象。在冷却过程中蒸汽不断凝结并不断在冷却管束的下部冻结，出现了北方地区进入冬季的“井口”冻结现象，使冷却管束与凝结水联箱接口处被全部冻结，从而造成冷却管束内的蒸汽发生滞流，最终使冷却管束冻坏。另外，即使空冷凝汽器内的蒸汽流量在其设计值之内（即在正常运行中），如果调整不当或负压系统（机侧和空冷凝汽器）泄漏量过大时，在冷却空气量过量的情况下，空冷凝汽器中漏入的过量空气在冷却管束内对热蒸汽形成阻滞，降低了冷却管束内热蒸汽的流动速度。严重时将会形成滞流，从而导致散热器局部椭圆冷却管内凝结水过冷结冰，在这种情况下同样也会出现上述冻结现象。

综上所述，空冷凝汽器冷却管束的冻结由两方面原因所致：①空冷凝汽器内的蒸汽流量低于其设计值。②冷却空气量过剩且热蒸汽内空气含量过剩。以上两方面原因出现的前提条件必须是环境温度低于0℃，但环境温度的高低是不以人的意志而改变的，所以对空冷凝汽器的防冻只能通过“控制蒸汽流量与冷却介质，以及冷空气流量和负压系统的泄漏量”来实现。

3. 空冷防冻和经济性的关系

直接空冷机组在严寒低温环境下运行时，空冷凝汽器内不凝性气体的聚集会导致局部蒸汽流量减少，冷凝蒸汽的气流被不凝结气体阻挡，不能畅通流动，使得蒸汽的放热量小于基管的吸热量，管内的冷凝水被冻结。因此为避免空冷凝汽器冻

结，必须加强对空冷背压的控制。

在春秋两季气温适宜的情况下分析出降低背压节省的能耗比空冷风机耗功大很多，所以得出结论，冬季最经济背压是高于阻塞背压和防冻背压情况下的最小背压。

三、冬季空冷优化方式选择

直接空冷机组在冬季运行时，必须避免空冷岛散热面出现冻结现象，这样使得改变空冷风机的运行方式就显得越来越重要，通过对比分析改变空冷变频风机的频率、风机运行台数等，都会对经济性产生影响。通过几次试验来验证在不同模式下的经济性，见表9-4～表9-6（有2台空冷风机停运）。

表9-4　　风机频率变化对照

频率（Hz）	真空（kPa）	环境温度（℃）	单台风机功率（kW）	台数（台）	风机总功率（kW）	修正至5℃真空（kPa）	真空影响煤耗[g/(kW·h)]	厂用电率影响煤耗[g/(kW·h)]	综合影响煤耗[g/(kW·h)]
25	75	2.2	6.9	54	373	74.16	0	0	0
30	77.2	2.8	12.3	54	664	76.54	−2.62	0.16	−2.46
35	80.1	3.0	18.5	54	999	79.5	−3.26	0.18	−3.08
40	80.8	3.5	27.8	54	1501	80.35	−0.93	0.28	−0.65
45	82	3.5	40.0	54	2160	81.55	−1.32	0.36	−0.95
50	82.4	3.6	54.4	54	2938	81.98	−0.47	0.43	−0.04

表9-5　　风机台数变化对照

频率（Hz）	真空（kPa）	环境温度（℃）	单台风机功率（kW）	风机运行台数（台）	风机总功率（kW）	修正至5℃真空（kPa）	真空影响煤耗[g/(kW·h)]	厂用电率影响煤耗[g/(kW·h)]	综合影响煤耗[g/(kW·h)]
50	82.4	3.6	54.4	54	2937.6	81.98	0	0	0
50	81.5	4.6	54.4	51	2774.4	81.38	0.66	−0.09	0.57
50	80.8	5.0	54.4	47	2556.8	80.8	1.3	−0.21	1.09
50	80.0	5.3	54.4	45	2448.0	80.09	2.08	−0.27	1.81
50	77.2	6.0	54.4	35	1904.0	77.5	4.93	−0.57	4.36
50	74.8	6.2	54.4	28	1523.2	75.16	7.5	−0.78	6.72

表 9-6　　风机频率台数同时变化对照

频率(Hz)	真空(kPa)	环境温度(℃)	单台风机功率(kW)	风机运行台数(台)	风机总功率(kW)	修正至5℃真空(kPa)	真空影响煤耗[g/(kW·h)]	厂用电率影响煤耗[g/(kW·h)]	综合影响煤耗[g/(kW·h)]
45	81.0	5.6	40.0	54	2160	81.18	0	0	0
50	81.5	4.6	54.4	51	2774	81.38	−0.22	0.34	0.12
40	80.0	5.6	27.8	54	1501	80.18	0	0	0
45	80.0	5.6	40.0	47	1880	80.18	0	0.21	0.21
35	78.4	5.5	18.5	54	999	78.55	0	0	0
40	78.5	5.3	27.8	46	1279	78.59	−0.04	0.15	0.11
30	76.0	5.2	12.3	54	664	76.06	0	0	0
35	76.0	5.2	40	40	740	76.06	0	0.04	0.04
25	64.0	3.1	6.9	54	373	63.44	0	0	0
30	64.0	3.3	12.3	40	492	63.5	−0.06	0.066	0.003

从表 9-4 可以看出，即使环境温度接近冬季运行工况（环境温度小于 2℃）的情况下，空冷风机也应全速运行。随着风机转速的提高，机组经济性提高的幅度逐渐减少，通过计算可知机组负荷较低，接近阻塞背压的情况下，空冷风机的电耗影响使煤耗增大，但背压影响使煤耗减少，就会不经济。由表 9-5 可知直接空冷机组应优先保证机组真空，再考虑厂用电率的影响。由表 9-6 可知停运部分风机与全部风机降转速相比，后者经济性更好。经过就地试验验证，风机频率在 18Hz 左右时，散热器上方感觉风量已经很小，风机工作在该频率下意义已不大，可以考虑当背压很低时风机频率降至 20Hz 时停运部分风机。另外，相邻风机之间转速差别不宜过大，否则低频率风机的风将无法通过散热器，而相邻风机吹出的热风通过低频率风机处返流回空冷岛下，会降低冷却效率。通过实验，当周围风机频率均为 50Hz 时，将中间风机频率降为 23Hz 时，该风机的风已无法通过散热器，因此空冷风机正常运行时，应尽量维持所有风机频率相同避免停运部分风机运行（防冻时除外）。

四、冬季空冷运行优化措施

（1）低负荷情况下，尽可能保持各排风机低频且同排各风机的运行频率相同，避免由于某一风机频率过高造成局部过冷现象。

（2）保证空冷岛各排散热器端部门，以及各冷却单元的隔离门在关闭位置。

（3）检查测量逆流区散热管束表面温度，通过降低本逆流段和相邻顺流段风机转速，避免散热管束表面温度出现较大偏差。

（4）机组在冬季运行期间，密切监视空冷凝汽器各排真空抽气温度，保证抽气温度较本排下联箱凝结水温度低1～5℃。运行中若发现抽气口温度下降趋势明显，应降低对应排的逆流风机转速或停止运转，若抽气口温度依旧没有回升，则应适当降低本排顺流风机转速，同时将反转防冻功能投入。必要时在上述调整的基础上启动备用真空泵，通过增加抽气口的空气流速来提高温度。

（5）合理调整顺、逆流风机的频率，避免因逆流风机长时间反转回暖而破坏系统内蒸汽的正常循环，在较低频率下进一步降低空冷风机的耗电率。

（6）冬季防冻期间，逆流区及逆流区附近的管束最容易结冰，根据对应的下联箱温度进行空冷风机转速调整。

（7）在冬季大风降温或风力较大时，应适当增加机组负荷或提高运行背压，防止因大风、降温、热量分布不均等原因造成管束冻坏事故发生。

第三节　夏季期间的经济性运行

夏季环境温度高直接影响空冷机组的背压，从而严重影响机组的煤耗，以及机组的带负荷能力。直接空冷机组在夏季高温高负荷阶段背压能够达到40～45kPa，大大降低了汽轮机的效率，增加了煤耗，再加上北方自然大风对背压的瞬时影响，一般机组运行背压都留有一定的安全裕量，所以更加限制了机组的满发。同时夏季也是电网负荷紧张的时段，电网要求空冷机组夏季需带满负荷且年不满发小时数越少越好，这与空冷机组的运行特点是相矛盾的，需要合理解决汽轮机容量和空冷容量的问题。

夏季直接空冷机组不能满发的原因主要受背压较高的影响，其中影响背压的主要原因有几方面。

（1）环境温度较高，空冷风机变频器转速已达到最大值，投入喷淋系统后背压依旧很高，甚至调节级压力超限。

（2）空冷散热器外表面污染严重，散热器表面易积灰、积尘、积杂物。这些污染物一方面减少了空气通道的面积，导致管束的空气侧阻力加大、冷空气减少效率降低；另一方面也增大了散热器管的传热热阻，从而大大降低了散热器的热交换能力。一台600MW级直接空冷机组在夏季满发设计气温下，当积灰厚度达到

0.6mm 时，凝汽器设计压力会上升 6kPa。

(3) 真空系统严密性差，不凝结气体进入凝汽器中。不凝结气体通过汽轮机排汽和外界疏水进入，或从真空系统设备和管道不严漏入。漏入的不凝结气体对空冷系统经济性影响很大，不仅增大了排汽压力，还对凝汽器凝结换热产生有害影响。

(4) 直接空冷系统附属设备的可靠性差也会影响背压，如水环真空泵的出力，凝结水泵的严密性。

(5) 空冷凝汽器冷却单元内部漏风、窜风严重。由热交换的基本原理可知，在单因素变化的情况下漏风量的增加与热传递的减少量是成正比的，所以漏风量对散热效果的影响不容忽视。

(6) 很多空冷凝汽器散热器管束被冻坏堵塞。这将减少正常的散热面积，使空冷机组在夏季满出力运行受到限制。

一、尖峰喷淋与空冷机组的经济性关系

直接空冷机组在夏季高温大负荷时段，运行中背压较高，为防止在高温大负荷条件下气候突变造成背压严重恶化现象，保障机组安全运行，存在着不同程度限负荷现象。特别是近几年来由于市场煤炭价格的不断攀升，电厂面临着煤价高、煤质差的两难局面，再加上电网两个细则对机组带负荷能力考核力度的增大，因此降低机组背压，提高机组带负荷能力是当前的主要目标。合理使用喷淋装置可极大的弥补由于煤质差或背压高限负荷事件的发生，且机组经济性也可大幅提高。

尖峰喷淋的主要原理是，高气温时段在空冷凝汽器迎风面喷除盐水雾，雾化后的小水滴与环境空气直接换热，降低环境温度，增大传热温差，强化传热效果。尖峰喷淋对机组背压的影响见表 9-7。

表 9-7　　尖峰喷淋机组背压变化

时间	7 号机组			环境温度(℃)	8 号机组			备注
	负荷(MW)	主蒸汽流量(t/h)	背压(kPa)		负荷(MW)	主蒸汽流量(t/h)	背压(kPa)	
11：03	601	1873	23.1	25	601	1842	22.4	
13：16	599	1887	30.1	28.3	599	1867	29.6	
13：50	600	1848	25.4	28.9	598	1870	29.3	13：30 7 号机喷淋投入
14：34	600	1866	25.8	29.2	601	1885	31.4	

续表

时间	7号机组			环境温度（℃）	8号机组			备注
	负荷（MW）	主蒸汽流量（t/h）	背压（kPa）		负荷（MW）	主蒸汽流量（t/h）	背压（kPa）	
16：20	599	1897	28.3	30.6	596	1893	34	
18：03	597	1885	27.4	30.2	597	1890	33.8	
18：46	599	1929	31.8	29.3	599	1878	32.7	18：20 7号机喷淋退出
19：45	598	1914	31.3	28.4	599	1885	31.1	

由表9-7可知，在机组负荷、环境温度相同工况下，喷淋投运后机组背压比不投喷淋机组的背压低5～6kPa。同时单机投入喷淋后，相邻机的空冷风机进风温度会降低，邻机背压也会稍有下降。

二、空冷散热面清洁度与空冷机组的经济性关系

一台600MW级直接空冷机组在夏季满发设计气温下，当积灰厚度达到0.6mm时，凝汽器设计压力会上升6kPa。直接空冷凝汽器散热器表面冬季会积累大量积灰，造成空冷凝汽器换热效果降低，若空冷凝汽器散热面上的积灰不及时清理，机组在夏季运行时会严重影响机组经济性，所以在春、夏季进行空冷岛散热面冲洗是十分必要的。

空冷岛冲洗前后的经济性分析，以某发电公司执行定期冲洗为例，在第一遍冲洗后效果较为明显，见表9-8。

表9-8　　春季空冷岛冲洗前后背压对比

	环境温度（℃）	负荷（MW）	背压（kPa）
7号冲洗前	15.0	501	15.4
7号冲洗后	14.9	495	11.7
对比	同等条件下背压下降3.7kPa		
8号冲洗前	15.1	504	13.5
8号冲洗后	15.3	501	11.9
对比	同等条件下背压下降1.6kPa		
9号冲洗前	16.2	609	14.3
9号冲洗后	15.4	598	12.6
对比	同等条件下背压下降1.7kPa		
10号冲洗前	16.2	609	13.8
10号冲洗后	15.4	598	10.9
对比	同等条件下背压下降2.9kPa		

由表 9-9 结果分析空冷岛冲洗直接影响空冷机组经济性，特别在夏季到来前必须对空冷凝汽器散热器表面进行彻底冲洗，这样在夏季就会有效降低机组背压。当然空冷岛冲洗效果的好坏也直接决定了机组经济性，所以在冲洗过程中必须加强冲洗管理。

三、风向、风力与空冷机组的经济性关系

直接空冷机组的空冷凝汽器暴露在空气中，换热冷源即是环境空气，所以环境空气的温度、环境风的大小和风向等都将直接影响机组效率。当不利风向出现时，对空冷系统的影响主要表现在以下三方面。

（1）散热器出口热空气被自然风压住，热量不能顺利地散发到环境中，使空冷凝汽器置身于环境温度比较高的区域，换热温差减少，效率降低。

（2）由于环境风快速吹过空冷风机入口，风机消耗相同的功率下吸入的空气量大幅度减小，由于冷却介质的减少导致空冷凝汽器换热效果下降，效率降低。

（3）由于热风回流，造成大量的空气被空冷风机吸入，导致冷却介质温度升高，冷却效率下降。

由于环境自然风对直接空冷系统的不利影响，造成机组经济性较差，为避免因自然风向对直接空冷系统的影响，可以做以下工作。

（1）建议在现有挡风墙的基础上，将挡风墙向下延伸，并在延伸部分装设必要的电动格栅，如图 9-2 所示。此措施一方面可以更有效地降低热风回流的温度和减弱横向风的影响，另一方面还能满足无风条件下风机的空气吸入量，此措施需进行相应的风洞试验准备，以确定电动格栅的尺寸和数量。

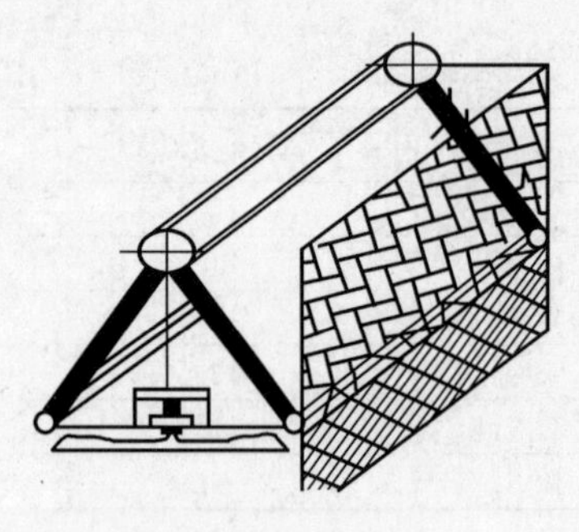

图 9-2　挡风墙延伸

（2）合理选择空冷系统空气供应设备。目前在空冷系统设计时，一般将空冷风机配置的电动机容量选择比较大，以便在自然风速增大后，利用提高风机转速，进而提高散热器出口风速和风机供风量，减少不利风向的影响。

（3）空冷岛所有风机按排列位置调整叶片工作角度，靠近挡风墙的略高，中心区域的保持不变，但须保证各风机功率不超额定值，以提高各空冷单元的换热效率，可以减轻横向风的影响。

（4）在设备安装时，应尽量减少空冷平台的漏风量，以减少热风回流量。

（5）了解空冷岛周边的设备建筑和当地气候风向变化，基本判断空冷岛风场情况。观测环境变化趋势，若遇突发恶劣天气应及时调整，保证空冷系统运行安全。

四、真空严密性与空冷机组的经济性关系

直接空冷机组空冷系统极其庞大，真空严密性难以控制，容易造成背压升高。在夏季空冷系统运行过程中，降低背压难度较大，所以控制机组严密性也是十分必要的。真空严密性对空冷系统背压的影响见表 9-9。

表 9-9　　真空严密性对空冷系统背压的影响

	环境温度（℃）	负荷（MW）	背压（kPa）	轴封压力（kPa）	真空严密性（Pa/min）	真空泵电流（A）
7 号机组	28	500	23	32	105	253
	28	500	23.46	32	485	256

根据表 9-9 显示机组在 500MW 负荷时，真空严密性变化 380Pa/min，背压变化 0.46kPa。

五、阀门内漏与空冷机组的经济性关系

疏水阀门内漏是困扰很多电厂的问题，内漏不但会造成高品位能源损失，当高品质蒸汽进入排汽装置，更会造成空冷凝汽器热负荷增加、机组运行背压升高，进而降低了空冷机组经济性。

六、夏季空冷运行优化措施

（1）通过计算得出降低背压的经济性大于风机增加转速的电耗。在夏季高负荷，空冷系统投入自动但风机频率还有裕量时，可将风机频率手动增加，提高效率最大化，但风机电流不能超过电机的额定值。

（2）每当夏季来临之前，利用高压除盐水清洗空冷翅片的外表面，去除附着在其上的污垢和尘埃，减少热阻，保持空冷良好的传热效果。一般在冬季结束后，开始对空冷翅片冲洗，通常选择在晚上负荷低时冲洗，减少冲洗时停运风机对背压的影响。如果空冷冲洗设备容量小、水压低，会影响冲洗效果，需要更换冲洗设备。冲洗前后要进行背压数据对比，以便了解冲洗的效果，做好备份记录，制订出一套最佳定期冲洗方案。

（3）保证直接空冷附属设备的正常运行。

(4) 对空冷翅片间隙进行检查，如有变形致使间隙过大、大量漏风，应立即处理。对每个空冷单元隔断进行检查，保证所有单元隔断门都关闭。

(5) 全面治理阀门内漏缺陷，定期进行阀门内漏工作，杜绝一切高品质蒸汽进入排汽装置。

(6) 设置喷淋加湿系统，保证喷淋用水量，确保机组在高负荷、高环境温度下，喷淋系统的有效运行。

参 考 文 献

[1] 邱丽霞. 直接空冷汽轮机及其热力系统. 北京：中国电力出版社，2006.

[2] 靳智平. 电厂汽轮机原理及系统. 北京：中国电力出版社，2006.

[3] 温高. 发电厂空冷技术. 北京：中国电力出版社，2008.

[4] 刘邦泉. 直接空冷机组的真空严密性试验方法及标准. 华北电力技术，2004 (5).

[5] 胡振岭，荆云涛，刘万里. 空冷技术研究. 北京：北京理工大学出版社，2011.

[6] 续宏. 直接空冷机组真空严密性试验方法及漏空原因分析探讨. 热力透平，2008 (2).

[7] 成刚. 发电厂集控运行. 北京：中国电力出版社，2004.

[8] 李小军. 600MW 直接空冷机组经济运行分析. 北京：华北电力技术，2009.